# 아몰퍼스

불가사의한 비정질물질

구와노 유키노리 지음

김병호 옮김

 전파과학사

[지은이 소개]
구와노 유키노리

1941년 생.
구마모토 대학 이학부 화학과 졸업,
1963년 산요 전기(주)중앙연구소에
입사. 아몰퍼스물질의 연구에 종사.
제5 연구부장. 공학박사.
신형 태양전지, 집적형 아몰퍼스 Si
태양전지와 아몰퍼스 태양전지의 새
형성법, 연속분리 플라즈마반응법을
개발, 세계 최초의 아몰퍼스 Si태양
전지의 공업화를 성취. 일본 과학기
술청 장관 상 등을 수상.
저서:『태양전지와 그 응용』,
      『아몰퍼스반도체』 등

[옮긴이 소개]
김병호

일본 와세다 대학 응용화학과 졸업,
동 대학원 졸업. 공학박사.
고려대학교 공대 재료공학과 교수
전공; 무기재료합성, 유리공학
저서;『유리공학』,
      『결정화유리』

# 머리말

인류의 역사는 지금 신소재의 시대를 맞이하고 있다. "아몰퍼스(무정형)"라고 하는 신소재가 등장하기 시작하고 있다.

인류가 사용한 소재의 역사를 돌이켜보면, 천연의 돌을 이용하여 도끼와 화살촉을 만든 석기시대로부터, 철을 개발하여 칼이나 철포를 만든 철기시대, 그리고 근대 전자공학을 쌓아 올린 실리콘(규소)을 사용한 트랜지스터. IC(집적회로), LSI(대규모 집적회로)로 상징되는 실리콘시대로 구분할 수 있다. 이 석기, 철기, 규소는 구조학적으로 생각하면 기본적으로는 "결정"물질이다.

본문에서 자세히 설명하겠으나, 결정이란 원자가 규칙적으로 정연하게(가지런하고 질서가 있게) 배열된 고체물질을 의미한다. 원자가 규칙있게 배열된 물질은, 보통 균질(성분이나 특성이 일정)하고 안정하기 때문에, 아마도 인류의 오랜 경험 가운데서 이것이 사용되어 왔을 것이다.

그러나 최근 이 규칙적으로 배열된 결정물질에 대해, 규칙적으로 배열되어 있지 않은 "아몰퍼스" 물질이 신소재로 등장하게 되었다.

아몰퍼스(amorphous)는 비정질, 즉 결정이 아니라고 번역되고, 옛날에는 원자가 제멋대로 흩어져 배열된 고체물질로 생각되었다. 따라서 이해하기 어려운 물질이기 때문에 "정체를 알 수 없는 물질"이라고 생각된 시대도 있었다. 그러나 이 아몰퍼스물질은 최근에 신소재로서 크게 주목을 받게 되었다. 그 이유는 결정물질과 같이 그 원자배열에 있어서 장거리질서(규칙성)를 필요로 하지 않는다는 아몰퍼스 물질 특유의 성질로부터, 지금까지 결정에서 실현할 수 없었던 새로운 "물성"을 이몰퍼스물질에서 실현할 수 있다는 사실을 알았고, 그 성질을 잘 이용하여 아몰퍼스 실리콘(무정형 Si)태양전지, 자기헤드 등이 실용화되기 시작하였기 때문이다.

아몰퍼스물질은 일반적으로

(1) 물성상수를 크게 변화시킬 수 있다. 즉 매우 다양성이 큰 물질을 제조할 수 있다.

(2) 균질하며 결정입계(grain boundary)가 없다. 따라서 대면적화, 대형화가 가능하며, 물성적으로는 기계적 강도가 높다든가 특이한 자기 특성을 나타내는 것이 있다.

(3) 구조가 제멋대로이다. 보통 전기전도도가 낮다. 이것을 거꾸로 응용한 장치가 개발되어 있다.

(4) 열역학적으로 비평형계이다. 아몰퍼스물질을 형성하는 방법으로는 보통 급랭법을 사용한다. 따라서 아몰퍼스물질은 자유에너지가 높은 상태에 있다. 따라서 외부로부터 비교적 적은 에너지가 주어져도 상태가 변화한다.

등의 특징을 갖고 있다. 몇 개의 우수한 점과 몇 개의 제어하기 어려운 점을 갖고 있다. 이런 의미로 무정형 물질은 말하자면 "이단자"였다고도 말할 수 있다. 필자는 이 "이단자", 정체를 알 수 없는 물질과 약 20년간을 사귀어 왔다. 전반의 10년은 열심히 연구개발한 스위칭소자, 기억소자 등 약 10종이나 되는, 아몰퍼스 반도체장치가 모두 실용화되지 못하는 실패의 연속이었다. 이 분야의 연구자도 적어지고. 필자는 아몰퍼스반도체의 연구를 중단할 것을 결심한 일도 있었다. 그러나 많은 사람들로부터 격려를 받아 필사적으로 노력한 결과 후반 10년은 아몰퍼스물질의 특징을 잘 살린 아몰퍼스 Si과 만날 수 있었다. 그리하여 이 분야에서 연구개발의 기초기술을 바탕으로, 세계에서 처음으로 '아몰퍼스 Si 태양전지를 공업화할 수 있었다. 이 과정도 이 책에서 조금 다루어 보았다.

이 책을 약 80%정도 쓴 1985년 7월초, 미국으로부터 초청되어 샌프란시스코에서 가까운 몬트레이에서 열린 일본과 미국과의 「아몰퍼스 Si 합금」에 관한 톱 세미나에 참석하였다.

일본에서는 이 분야의 대표적 과학자인 오사카 대학 하마카와 교수, 전자기술총합연구소 아몰퍼스 재료연구실의 다나카 실장, 신에너지총합개발기구 태양기술개발실 와카마쓰 실장, 히로시마 대학 히로세 교수와 필자 등이 참가하였다. 한편 미국에서도 이 분야의 최고 과학자가 참가하여 15% 이상의 변환효율을 갖는 아몰퍼스태양전지의 실현을 위한 기초기술 토론회를 가졌다.

회의 중 중심화제는 언제나 일본측으로부터 제공되었다. 왜냐하면 이 분야에서는 기초기술, 장치개발, 공업화 기술 등 어떠한 것도 일본이 지도자적 위치를 차지하고 있었기 때문이다.

미국측에도 기초기술 중에서 우수한 것이 있었으나, 전반적으로는 일본으로부터의 「수출초과」였다고 필자는 느꼈다.

지금까지 일본은 근대 전자공학의 기초가 된 트랜지스터, IC, LSI 와 컬러 TV 등 거의 모든 것을, 외국 특히 미국에서 배워 그 공업기술을 도입하여 발전시켜 왔다. 그러나 아몰퍼스분야에서는 조금 양상이 다르다. 특히 아몰퍼스반도체분야에서는 예로부터 기초연구가 일본에서 이미 실시되고 있었고, 아몰퍼스 Si의 발견과 아몰퍼스 Si 태양전지의 원형발명은 외국에 선도를 빼았겼으나, 기초재료의 연구개발에서부터 실제의 공업화에 관해서는 최근 약 10년간 확실히 일본이 세계를 선도하여 왔다.

아몰퍼스금속분야에서도 같다고 말할 수 있다. 몬트레이에서의 회의 제3일째, 격렬한 토론 후 저녁에 나는 오사카대학 하마카와 교수와  전총연 다나카실장과 함께 캘리포니아의 아름다운 해안을 산책하고, 바닷가에 앉아 멀리 수평선을 바라보다가 문득 중얼대었다. 「여기까지 왔군요!」. 20년 가까이 일본의 아몰퍼스 그룹은 서로를 격려하면서 "정체를 알 수 없다"라고 불려진 아몰퍼스물질을 상대로 도전하여, 미국으로부터 초대받아 아몰퍼스물질의 검토회를 갖게까지 되었다. 미국인은 일본의 그 실력을 간파하여 조인트세미나를 개최하게 되었던 것이다.

길고 긴 여정이었으나, 이것이 열매를 맺어 「여기까지 왔었구나」하고 나는 생각했다. 하마카와교수도 「정말, 서로가 잘도 버텨 왔었지!」라고 말해 주었다.

우리의 아몰퍼스반도체 분야에서의 개발은 제1단계를 올라간 것에 지나지 않는다. 그러나 이 제1단계까지에 만들어진 공통의 재산은 크다. 이 책을 고단사의 오에 씨로부터 집필을 부탁받았을 때, 나는 크게 망설였다. 왜냐하면 나는 매일 아몰퍼스 반도체와 힘겨운 씨름을 하고 있는 현역 연구자이며, 도저히 여유를 갖고 집필할 시간이 없었고, 아몰퍼스 분야의 연구는 매우 빠른 속도로 발전되고 있어, 현재의 지식으로 정리된 것이 언제까지 쓰여질까 하는 두려움이 있었기 때문이다.

그러나 오에씨가 「아몰퍼스분야는 지금부터의 분야가 아니냐?」 젊은이와 입문자, 즉 [아몰퍼스에 관계하는 인구를 더욱 늘려 나가는 일도 중요하지 않습니까?」 라는 말과 하마카와교수, 다나카실장, 히로세교수의 따뜻한 격려가 있어 집필을 하였다.

필자의 전문이 아몰퍼스반도체분야이기 때문에 화제의 중심이 '아몰퍼스반도체가 되어 버렸다. 또 해명되지 않은 것도 많았으나, 필자의 독단으로 해석한 곳도 있다는 점을 미리 양해하여 주기 바란다.

그리고 이 책을 출판하는데 있어서 선샤인 프로젝트(sunshine pro

ject의) 일환으로 이루어진 연구내용의 일부를 이 책에 인용하는 것을
쾌히 승락해 주신 통산성공업기술원 선샤인본부의 무카이 개발관 및
신에너지 총합개발기구 태양기술개발실, 와카마쓰 실장을 비롯한 관계
각위 및 언제나 필자를 지도, 격려해 주신 산요 전기주식회사 전문취체
역겸 기술본부장 야마노 박사에게 마음으로부터 감사를 드린다.

1985년 8월

# 차례

# 제 1 장
## 아몰퍼스시대의 개막

아몰퍼스란 무엇일까? 최근 귀에 익지 않은 용어가 난무하고 있다. 즉 「아몰퍼스(무정형 )실리콘 태양 전지」, 「아몰퍼스 자기헤드」, 「아몰퍼스 합금」 등이다.

이 새로운 용어는 「 Bio(생명)」와 함께 새로운 기술, 신소재의 대명사처럼 최근에 사용되게 되었다.

"아몰퍼스(amorphous)"상태란 무정형 즉 「형상이 없는」 상태를 가리키는 것을 의미하는데, 그 어원은 그리스어의 A-morphe에 기인하며, 그 의미는 「확실하지 않은 것」이나 「분류할 수 없는 것」으로 사용되어 왔다. 즉 "정체를 알 수 없는 것"이라는 의미이다. 학문적으로는 원자가 규칙적으로 정렬한 구조를 갖는 결정에 대응하는 용어로서 "아몰퍼스"는 일본어로는 비정질(noncrystalline: 결정이 아님) 또는 무정형, 유리모양의 (glassy, vitreous)라는 의미로 사용되고 있다. 자세한 것은 제2장에서 설명하겠으나 이 새로운 물질 "아몰퍼스"가 왜 지금 주목을 받고 있는가? 최근 과학의 발전상을 조금 뒤돌아보기로 하자.

독자들이 자기 집이나 학교, 직장에서 근대적인 것이라고 생각되는 것을 몇 가지 든다면, 컴퓨터(TV와 세트), VTR(Video Tape Recorder), CD 플레이어(Compact Disc-player) 등을 들 것이다. 이들의 뿌리는 1950년으로 거슬러 올라간다. 1950년이라는 연대는 근대 과학에 있어 큰 전환점이었다.

### 1950년 결정장치의 출현

일본에서는 1950년에 NHK의 텔레비전 실험방송이 시작되었다. 그 당시 화면은 흑백으로서, 비가 내리는 것과 같은 선명하지 못한 화면을 많은 사람들이 보았으리라고 생각한다. 그러나 멀리 있는 것이 바로 눈앞에 보인다는 획기적인 것이 대중의 손에 들어오게 되었다. 그리고 컬러TV의 방송이 시작된 것이 그로부터 약 10년 후, 잠깐 사이에 전탁(전자식 탁상 계산기), VTR 등 각종 전자제품이 잇달아 세상에 나타나 일본의 전자공업은 크게 개화(새로운 사상, 문물, 제도 따위를 가지게 됨)하였다.

이 일본의 전자공업의 발전을 지탱하여 온 것이 전자부품의 진보였다. 1950년, 일본에서 처음으로 TV가 방영되었을 때, 그 TV는 진공관 방식으로서 스위치를 넣으면 엄청나게 큰 열을 내었다.

그런데, 바로 일본에서 TV방영이 시험적으로 시작된, 그 2년 전에 그림 1·1에 보인 것과 같이 쇼클리(W.B. Shockley), 브래테인(W. H. Brattain), 바딘(J. Bardeen)들에 의해 트랜지스터(transistor)가 발명되었다.

그들은 단결정 게르마늄에 금속을 끼워 넣으면 정류작용이 일어난다는 사실을 발견하였고, 이것이 바탕이 되어 단결정실리콘을 사용한 트랜지스터가 발명되게 되었다.

그 후 1960년경, 트랜지스터는 복수개를 결합한 IC(접적회로)화 되고, 1966년에는 LSI(대규모집적회로), 나아가 현재의 초LSI로 이어져서 이른바 컴퓨터시대를 맞이하게 되었다.


## 아몰퍼스는 지체되다

이것에 대해 아몰퍼스물질은 어떤 역사를 더듬어 왔는가 하면, 그림 1 • 1에 단결정 반도체와 대비하여 보인 것과 같이, 트랜지스터가 발

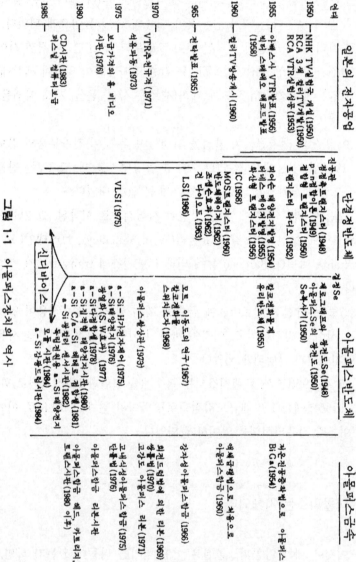

그림 1·1 아몰퍼스장치의 역사

명된 1950년경, 아몰퍼스 셀렌(Se)을 사용한 복사기가 개발되었다. 즉 제록스 (Xerox)사의 복사기계의 심장부인 감광드럼에 아몰퍼스 셀렌이 사용되었다. 이것이 아몰퍼스반도체를 최초로 실용화한 것이었다. 현재도 제록스사를 비롯하여 많은 복사기 제조회사가 이것을 사용하고 있다.

이와 같이 1950년대는, 아주 새로운 기술이 계속해서 탄생된 해였다. 그러나 트랜지스터로 시작되는 단결정의 실리콘을 중심으로 한 전자장치가 급속한 발전을 이룩한 것에 비해서, 이 아몰퍼스는 그 후 제6장에서 설명하는 촬상관(피사체의 광학상을 전기 신호로 바꾸는 특수 전자관. 방송용, 공업용의 텔레비전 카메라나 방사선 진단용으로 이용된다)의 발명을 제외하고는 이른바 30년간의 공백이 계속되었다. 그것은 왜냐하면, 아몰퍼스라고 하는 것은 결정과 비교하면 "정체를 알 수 없는" 성격의 것으로, 이 때문에 학문적 연구와 기술개발이 좀처럼 잘 진행되지 않았기 때문이다. 그러나 최근에는 태양전지와 자기헤드를 비롯하여 새로운 전자공학의 재료로서 주목을 받게 되었다.

여기서 잠깐 필자와 아몰퍼스와의 만남에 관하여 언급해 두겠다. 그 이유는, 독자 중에는 신기술개발, 신소재를 연구하고 있는 사람, 또는 지금부터 이 분야로 들어가려는 사람들이 많을 것이라고 생각하기 때문이다. 그 때에 조금이라도 참고가 된다면 좋으리라 생각하여 적어 보기로 한다.

필자는 약 20년간 이 "정체를 알 수 없는 것"이라고 불려져온 아몰퍼스와 사귀고 있다. 전반은 고난의 연속이었다. 후반 10년쯤에 겨우 그 고생이 결실을 맺어 세계에서 최초로 아몰퍼스 Si(무정형실리콘, 본서에서는 자주 a-Si이라고 표기하겠다)태양전지를 세상에 내놓을 수 있었다. 새로운 기술개발은 아몰퍼스물질의 경우, 어떻게 이루어져 왔는가, 그 한 예로서 나의 경우를 언급해 보겠다.

나와 아몰퍼스와의 만남은 내가 대학을 졸업한 1963년으로 거슬러 올라간다. 전술한 것과 같이 그때는 근대 전자공학이 개화하려 하던 시대로 트랜지스터가 처음으로 판매된 시대였다. 나는 전자공학이 하고 싶어서, 당시의 신흥기업이든 산요전기(Sanyo 전기)에 입사하였다. 당시는 연구소가 신설되던 분위기여서 산요전기도 중앙연구소를 설립하여, 나도 입사하자 바로 중앙 연구소에 배속되었다.

당시는 확대도중이었기 때문에 지도자다운 사람도 없었고, 상사는 새로운 것, 자신이 해보고 싶은 것은 무엇이든지 해보라는 말이었다. 나는 매우 난처했다. 신입사원으로서 혼자서 무언가 새로운 것을 해보라니! 나는 학창시절에 글로우(glow)방전의 반응을 하고 있었다. 무언가 글로우방전반응으로 새로운 물질을 만들려고 생각하여 조사하던 중에, 당시에 등장한 전계효과형 트랜지스터 중에 MOS(Metal Oxide Semiconductor)형 트랜지스터가 있었고, 이 트랜지스터의 절연층으로 산화실리콘($SiO_2$)이 사용되고 있었는데, 당시는 이 막의 안정성이 나빠 MOS 트랜지스터의 특성이 불안정하게 된다고 하여 대체물질의 개발이 진행되고 있었다. 그래서 나는 그것을 글로우방전반응으로 더구나 산화물이 아닌 질화물, 즉 질화실리콘을 만들어 산화실리콘 대신 이 트랜지스터에 응용하려고 하였다.

글로우방전반응으로 만든 질화실리콘, 사실은 이것은 아몰퍼스물질이었다. 이것이 아몰퍼스물질과 나의 만남이었다. 이 막을 사용한 트랜지스터의 개발은 유감스럽게도 재현성을 좋게 만들 수 없었다는 것과 MOS트랜지스터의 안정화의 연구가 진척되어, 5년 정도를 연구하였으나 결론적으로는 "허탕"을 치고 말았다. 다만 이 플라즈마(plasma)반응기술은 후술하는 나의 아몰퍼스실리콘 태양전지 개발에 매우 중요한 기초기술이 된다는 사실은 이 시점에서는 하나님만이 알고 있었다.

1960년 후반부터 1970년 전반에 걸쳐 전자재료분야에 하나의 선풍이 일어났다. 그것은 미국의 모험회사인 ECD(Energy Conversion Devices Inc.)의 사장 오브 신스키(Ovshinsky)가 Te-As-Si-Ge으로 된 칼코겐화물계 아몰퍼스반도체로 종래는 단결경계 Si과 Ge에서 밖에는 실현되지 않았던 전기적 스위치소자와 가역(메모리)소자가 만들어질 수 있다는 논문을 과학논문지로는 가장 권위가 있는 학회지의 하나인 Physical Review Letters에 1969년에 발표하였다.

그의 설에 의하면, 종래의 단결정 Si에 의한 pn접합과 같은 복잡한 공정을 거치지 않고 스위치나 기억소자가 만들어질 수 있다는 것이었다. 즉 그 제조법은 Te-As-Si-Ge의 각 원소를 적당량 혼합하여 석영앰플에 넣고 용해한 후 급속히 냉각시키면 아몰퍼스상태의 Te-As-Si-Ge이 된다. 이것을 소재로 하여 제6장에서 설명하는 방법으로 스위치소자와 기억소자를 만들 수가 있다. 지금까지 사용되어 온 단결정을 형성하거나 불순물을 고온에서 확산하거나 하는 방법은 일체 사용하지 않아도 된다. 즉 값싸고 더구나 성능이 좋은 것이 만들어질 수 있다는 것이다.

필자는 이렇게 멋있는 것은 없다고 생각하여, 지금까지의 글로우방전반응에 의한 아몰퍼스 질화실리콘의 연구에서부터 칼코겐화물 반도체의 연구로 나아갔다. 당시는 일본에서도 많은 사람들이 이 연구에 이미 착수하고 있었는데, 오사카대학의 하마카와 교수, 통산성 공업기술원 전자기술총합연구소(전총연)의 기쿠치 실장과 같은 전총연의 다나카 씨(현재 전총연 아몰퍼스 재료연구실 실장)들이 선진적인 일을 하고 있었다.

내가 이 칼코겐화물 반도체 연구에 착수하여 첫번째로 부딪힌 것은 매우 재현성이 나쁘다는 점이었다. 그것은 아마 급랭방법 등 형성법의 재현성이 좋게 이뤄지지 않았기 때문이라고 생각되나, 제조법에 따라서 그 물질의 성질이 매우 변하였다. 그래도 나는 민간기업의 연구자로서 필사적으로 이 물질의 응용분야를 찾았다. 그러나 좀처럼 좋은 응용을 찾아낼 수가 없었다. 그때 히다치의 마루야마 씨(훗날 히타치 기초연구소 소장)가 이 칼코겐화물 아몰퍼스반도체의 다층구조를 사용한 TV 카메라용의 촬상관을 NHK와 공동으로 개발하였다는 보도에 접하였다. 이것은 현재도 프로야구의 중계 등에 널리 사용되고 있는 고성능의 촬상관(Vidicon)이며, 종래의 것과 비교해서 특히 성능이 좋고 어두운 곳에서도 충분히 영상을 보낼 수 있는 것이었다.

나도 꼭 그런 일을 해야 되겠다고 다짐을 하고 기운을 내었다. 그러나 세상은 그렇게 만만한 것이 아니었다. 좀처럼 쓸만한 것이 나오지 않았다. 그러던 중에 이 칼코겐화물 아몰퍼스반도체는 평판만큼 특성이 좋지 않고, 특히 물성적으로는 나중에 자세히 설명하는 국재준위(local level)라는 아몰퍼스구조에 기인하는 이른바 컬러센터(color center)를 많이 함유하며, 전기적 특성은 단결정계에 비해 현저하게 떨어질 뿐만 아니라, 장치형성의 기본이 되는 p형 또는 n형 물질을 형성할 수 없다는 것을 알게 되었다.

아! 이건 안되겠구나, 역시 아몰퍼스물질은 "정체를 알 수 없는" 물질로 수렁일까 하고 생각했다. 사실 일본의 유력기업의 연구소에서는 거의가 이 칼코겐화물 반도체연구에 몰두하고 있었으나, 서서히 그 연구인구가 줄어들어 1970년 중반에는 극히 소수의 사람들만이 연구를 하고 있었다. 그러나 그렇게 간단히 물러날 수는 없었다. 나는 민간기업의 연구자로서 필사적으로 아몰퍼스 반도체장치의 개발에 몰두하였

그림 1·2 칼코겐화물  아몰퍼스반도체  스위치소자. 직경 ]
mm, 두께 20μm의  아몰퍼스  반도체가 직경 2.5mm,
길이 8mm의 유리관에 넣어져 있다.

다. 그래서 개발한 것이 형광등의 순간 점등소자이다. 이것은 칼코겐화
물반도체의 스위치특성이 쌍스위치특성(극성이 +이든 −이든 어떤 일
정한 전압에서 스위치한다)을 이용하여, 당시로는 아직 드물었던 형광
등의 순간 점등을 시키려 하였었다. 이 경우, 보통 수십W의 사용에 견
딜 수 있는 스위치특성이 필요하며, 우리는 그림 1·2와 같은 유리봉
입형 스위치소자를 개발하였다.

　나는 이 소자를 짜넣은 형광등을 가지고 공장으로 갔다. 공장의 기
술자에게 「어떻습니까? 훌륭한 것이 만들어졌습니다」 「꼭 공장에
서 이것을 채용하여 금새 불이 들어오는  형광등을 판매하여 주십시
오」 라고 자신만만하게 설명하고 스위치를  눌렀다. 그런데 지금까지
는 순간적으로 잘 켜지던 것이 점등이 안되는  것이었다. 당황하여 다
시 한번 눌렀다. 이번에는 겨우 불이 켜졌다. 안 도의 한숨을 쉬고 있
는데, 공장기술자는 기뻐하는 표정도 없이 「구와노 씨 형광등을 순간
적으로 켜야할 필요가 있을까요?」 「가격은 얼마입니까?」 「OO엔
입니다」 「비싸군요」 「그런데 스위치의 수명은 몇 번이나 쓸 수 있
지요?」 「수만 번입니다」 「아, 그렇다면 전혀 쓸모가 없겠군요」
「보기에 신뢰성도 좋지 않은 것 같고」 「공장으로서는 역시 소비자
가 안심하고 사줄 수 있는 것이 아니면, 아무리 새롭다고  해도 채용할

수가 없군요」 나는 당시 함께 연구하고 있던 오니시(훗날 산요전기 (주) 응용기술연구소 제2부 제1과장)과 함께 힘없이 중앙연구소로 돌아오는 언덕길을 걸어서 돌아왔다. 무더운 여름의 어느날이었다.

그런 시기에, 앞에서 말한 오사카대학의 하마카와교수와 전총연의 다나카씨가 「구와노씨, 재미있는 소자를 만드셨군요. 한 번 연구회에서 설명해 주시죠」 하고 발표의 기회를 주었다. 당시로는 정말로 기뻤다. 그 밖에 칼코겐화물 반도체를 사용한 광메모리 • 전기적 메모리를 개발하였으나 이 장치는 모두 잘 되지 않았다. 그러나 1973년의 석유가격이 단번에 5배로 뛴 오일쇼크 후에 이 아몰퍼스분야에 신바람이 불기 시작한다. 그리고 나는 아몰퍼스실리콘 태양전지와 해후(오랫동안 헤어졌다가 뜻밖에 다시 만남)하게 되는데, 그 내용은 제5장에서 얘기하겠다. 얘기가 너무 옆길로 새어버렸으나 다시 본론으로 돌아가기로 하자.

# 제 2 장
# 아몰퍼스란 무엇인가?

**그림 2·1  결정물질.  "어린이들(구성원자)이 규칙적으로 정 렬하고 있다."**

아몰퍼스란?

제1장에서 「아몰퍼스」에 대해 조금 설명하였는데, 여기서는 좀더 자세히 설명하겠다.

아몰퍼스(Amorphous)란 규칙바르게 원자가 배열된 결정에 대응하는 말이라는 것, "아몰퍼스"는 일본어로는 비정질, 무정형, 유리모양의 의미로서 사용되고 있다는 것을 설명하였다. 좀더 「결정」과 「아몰퍼스」를 알기 쉽게 설명하기로 한다. 「결정」은 그 구성원자가 규칙적으로 배열되어 있다. 예를 들면 초등학교의 교실에 있는 책상과 걸상이 한 몸으로 된 것이 규칙바르게 배열되고, 제복을 입은 초등학생들이 앉아서 공부를 하고 있는 것과 같은 구도(그림 2.1)가 3차원으로 넓혀진 형태이다.

한편 「아몰퍼스」란 그런 규칙성이 없다는 사실로부터 그림 2.2 와 같이 초등학생들이 운동장에서 제멋대로 흩어져 있는 것과 같은 상

**그림 2·2**  아몰퍼스물질. "어린이들(구성원자)이 제멋대로 흩어져 있다."

태라고 생각되어 왔다.

이 그림은 아몰퍼스구조의 한 측면을 표현하고 있으나, 현재는 좀더 상세한 모습이 밝혀졌다. 상세한 것은 곧 뒤에서 얘기하기로 하겠다.


### 우리 주위는 결정투성이

우리 주위의 물질에는 보통 결정물질이 많다. 예를 들면 암석, 모래, 금속 등은 모두 원자가 규칙바르게 배열된 물질이다. 이것은 아마 지구가 탄생되었을 때의 고온상태로부터 서서히 온도가 내려가는 과정에서 각 원자가 열에너지에 의해 "보조를 맞춰"결합한다는, 원자가 지니고 있는 본래의 성질에 의해 응집, 결정화하였기 때문일 것이다.

예를 들어 독자가 아파트에 살고 있다고 하자, 아파트의 골격은 철골이다. 철골은 철로 되어 있다. 의외로 알려져 있지 않으나, 보통 금속은 결정물질이다. 철골 주위에 있는 콘크리트, 이것은 모래와 석회석으로 되어 있다. 이들도 결정물질의 혼합물이다.

예를 들어 텔리비전을 관찰하여 보자. 그 회로에 사용되고 있는 IC나 콘덴서는 주로 결정물질로써 되어 있다. 당신이 자동차를 타면 자동차의 몸체도 철로 되어 있다. 이것은 앞에서 말한 것과 같이 역시 결정물질이다.

인류의 역사를 석기시대, 철기시대, 그리고 현대를 실리콘(규소)시대로 분류하는 사람이 있다. 즉 인류 발생 시대로부터 사람은 사냥과 물건의 가공을 위해 석기를 사용하였다. 그리고 다음에는 철을 얻고 무기를 만들었다. 현대는 앞에서 말한 트랜지스터, IC(집적회로), LSI(대규모집격회로)의 시대로, 이것에는 실리콘(규소)이 사용되고 있기 때문에 실리콘시대라고 말할 수 있다. 이들 석기와 금속, 규소는 모두 결정물질이며 인류는 줄곧 결정시대를 거쳐 왔다고 말할 수 있다.


## 인류와 아몰퍼스의 만남

오랜 지구의 역사 가운데서 화산으로부터 분출된 용암이 급격히 냉각되어 원자가 규칙바르게 배열될 여유가 없어서 아몰퍼스물질이 생겼었는지도 모른다. 그것은 그렇다고 하고, 최초로 인류역사에 등장하는 아몰퍼스는 「유리」이다. 고대 이집트의 피라미드 속의 매장물 중에 「유리제품」이 등장한다. 이것은 주성분으로서 규산($SiO_2$), 소다($Na_2O$), 석회($CaO$)를 성분으로 하는 유리이며, 아마도 고대 이집트인이 투명한 물질로 빛을 받아 반짝반짝 빛나는 것을 귀중품으로 다루어, 몇 가지 원료를 혼합하여 만든 것 같다.

이 유리는 확실히 아몰퍼스물질의 한 종류이다. 이것은 융점이 낮은 산화물금속을 녹여서 냉각하므로써 원자의 불규칙상태가 실현되고 있다. 다만 이 유리는 연성 및 가공성이 좋다는 성질 때문에 용기, 장식물로서 예로부터 사용되거나, 건물의 창유리로서 사용되어 왔으나, 물성적인 의미에서 최근에 주목을 받고 있는 전자공학의 신소재로서의 발전은 그렇게 오래지 않다.

그러나 「유리」는 원자배열이 흐트러진 불규칙한 물질로서 공업적으로 생산되어, 인류가 만난 최초의 물질이다.


## 아몰퍼스물질에도 질서가 있다!?

앞에서 말한 것과 같이 「아몰퍼스」란 초등학생이 운동장에서 흩어져 놀고 있는 상태와 같이, 옛날에는 완전히 무질서한 계라고 생각되고 있었다. 이 생각은 아몰퍼스금속에 대해서는 꽤나 맞는 면이 있으나, 아몰퍼스반도체에 대해서는 이것으로는 표현할 수 없는 면이 있다는 것을 알게 되었다. 즉 1950년대에 소련의 코로미에츠(Kolomiets) 등은 $Tl_2S$와 $As_2$, $Se_3$계 아몰퍼스물질을 연구 중, 이 물질이 가시광선 아래서는 검게 보이나 적외선광에 대해서는 투명하며 또 반도체적인 거동을 한다는 사실을 알게 되었다. 이것은 아몰퍼스물질에서는 생각할 수 없는 일이다. 그 이유를 좀 더 자세히 설명하겠다.

그러기 위해서는 먼저 결정문제에 대해 좀더 깊이 들어가 생각해보자. 결정은 그림 2·3 (a)와 같이 원자가 규칙적으로 배열하므로써 구조적으로 장거리의 주기성이 생긴다. 즉 결정물질은 내부적으로 어떤 일정한 주기성을 가진 원자상태로 되어 그림 2·3 (b)에 보인 것과

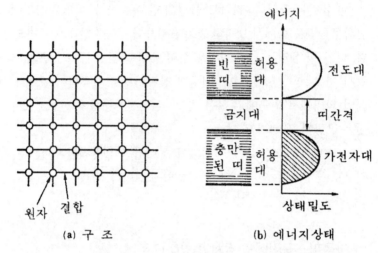

(a) 구 조          (b) 에너지상태

그림 2·3  결정의 구조와 에너지 상태의 개념도. 구조적으
로는 장거리의 주기성을 갖고 있다. 에너지 상태는 허
용대와 금지대로 분리된다.

같이 전자의 점유가 허용되는 에너지대(허용대)와 허용되지 않는 에너
지대(금지대)가 발생한다. 이것을 띠(band) 구조라 부른다.

물질 속을 빛이 통과한다는 것은, 이 빛의 에너지(광자 에너지)가
유리의 전자를 여기시키지 못했다는 것을 의미하며, 코로미에츠 등이
$Tl_2S$에서 가시광은 통과하지 않고 적외광은 통과한다는 사실을 발견한
것은, 아몰퍼스 $Tl_2S$에도 에너지상태의 도약, 즉 결정과 같은 띠 구조
가 존재하고, 그 에너지간격(gap)이 가시광(2~3eV)보다 작고, 적외광
의 에너지간격을 갖고 있다는 것을 가리킨 것이다.

본래 아몰퍼스물질은 무질서하므로 결정과 같은 주기성이 없고, 에
너지준위도 이에 따라 연속적으로 변화한다(그림 2·4)고 생각되었으
나, 이 코로미에츠들의 실험은 지금까지의 아몰퍼스의 개념을 근본적

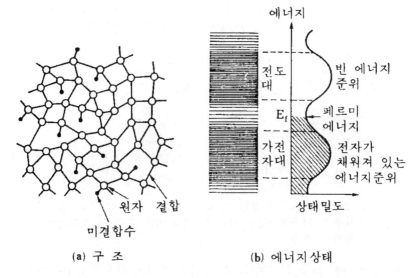

(a) 구 조　　　　　　(b) 에너지 상태

**그림 2·4** 아몰퍼스의 구조와 에너지상태의 개념도. 구조적으로는 무질서하여 주기성을 갖지 않으며, 에너지상태는 어떤 에너지준위에서도 전자가 점유할 수 있다.

으로 바꿔 놓는 것이었다.

다만 곰곰히 생각해 보면 이 현상은 인류가 유리를 손에 넣었을 때 이미 경험한 것이었다. 즉 「유리는 투명하다」는 사실은 이미 코로미에츠의 보고보다 훨씬 전부터 알려져 있었으나, 이 사실의 참의미에 대해서는 아무도 눈치채지 못했던 것이다.

여기서 아몰퍼스물질의 대표적인 예인 보통의 규산염유리(창유리 등에 사용되고 있다)에 대해 생각해 보자. 그림 2·5(a)에 유리에 가시광이 입사한 때의 상태를 보였다. 가시광(광자에너지 2~3eV)이 유리에 입사하면 규산염유리에는 흡수되지 않고 투과한다. 즉 우리는 창유리를 통해서 바깥경치를 볼 수 있다. 이것은 유리에서 빛이 흡수되

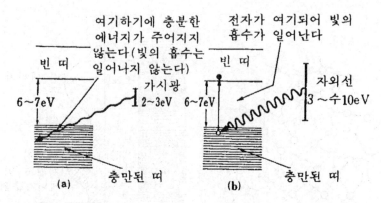

**그림 2·5** 유리의 투명한 성질. (a) 유리(규산염 유리)에 가
시광이 입사한 경우. (b) 유리(규산염 유리)에 자외선이
입사한 경우.

지 않았다는 것을 의미한다. 즉 가시광 영역의 광자에너지(2~3eV)
가 유리 속의 전자를 여가시킬 수 없었다는 것을 의미하며, 이 유리가
2~3eV보다 큰 에너지 간격을 갖고 있다는 것을 시사하고 있다.

　독자들은 창유리가 자외선을 커트(흡수)한다는 사실을 알고 있을
것이다. 즉, 보통의 규산염유리는 가시광보다 에너지가 높은 자외선
을 흡수한다. 이것은 규산염유리의 전자가 자외선의 에너지를 흡수하
여 그림 2·5(b)에 보인 것과 같이 전자가 보다 에너지가 높은 위쪽 띠
로 여기되었다는 것을 의미한다. 즉 규산염유리가 갖는 에너지간격보
다 자외선의 광자에너지(3~수십 eV)가 크고, 이 자외선에 의해 전자가
여기되었기 때문에 빛이 흡수된 것이다. 만일 아몰퍼스물질이 완전히
무질서하다면, 그림 2·4에 보인 것과 같이 연속적인 에너지준위를 취
하며 단결정에서 성립되는 것과 같은 띄엄띄엄 있는 준위, 즉 띠구조는
성립되지 않으며, 따라서 어떤 특정의 빛을 통과시킨다든가 하는 것은
생각할 수가 없다. 그런데 사실은 반대로, 어떤 특정 파장의 빛을 통과

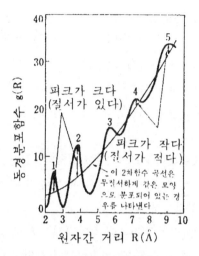

그림 2·6 원자의 존재 확률을 나타내는 a-Ge의 동경분포 함수(N. Richter and G. Breitling, Z. Naturforsh. 13 a, 1958, 988에서)

시킨다는 것은 아몰퍼스 물질 중에서도 단결정물질에서 생각되는 것과 같은 띠의 개념이 성립된다는 것을 가리키고 있다.

왜 유리(무질서)인데도 어떤 파장의 빛을 통과시키느냐? 이 문제에 대한 연구가 시작되었다. 리이터(V. von Richter)들은 아몰퍼스물질, 특히 아몰퍼스 게르마늄의 X선회절, 전자선회절의 연구를 하는 가운데서 종래는 완전히 무질서하다고 생각되었던 아몰퍼스물질이 몇 원자 사이에서는 질서가 있다는 것을 발견하였다.

이것은 X선을 아몰퍼스Ge에 조사하여, 회절에 의해 산란되어 나오는 X선의 강도와 산란각도를 측정하고, 수학적인 처리를 하므로써 동경분포함수(radial distribution function)를 구하는 실험으로부터 밝혀졌다. 그림 2.6에 그 데이터를 보였다. 동경분포함수란 어떤 임의의 원자로부터 보아서 거리가 R만큼 떨어진 위치에 몇 개의 원자가 있을 것

같다고 하는 존재확률을 나타내는 것이다. 그림 2·6 으로부터 알 수 있듯이 아몰퍼스Ge의 동경분포함수곡선은 2차곡선의 주위에 분포하고 있으며, 이 2차곡선은 실제의 아몰퍼스Ge와 같은 밀도를 가지며, 또한 공간적으로 완전히 균일하게 분포하여 있다고 가정한 아몰퍼스고체에 대한 동경분포함수에 해당한다. 이 그림으로부터 다음과 같은 결론을 내릴 수가 있다.

(1) 제1, 제2 또는 제3 피크까지는 확실하다. 즉 단거리의 질서가 있다.

(2) 동경분포함수는 피크의 주위로 퍼져 있기 때문에 원자간 거리는 일정하지 않다.

(3) R이 커지면 진동의 진폭이 작아지게 되므로 장거리의 질서는 없다. 특히 이 경우 제5피크로부터 앞의 것들은 평균적으로 균일하기 때문에, 이것은 통계적으로 균일한 분포라는 것을 의미한다.

이들 연구와 그 밖의 실험결과로부터 아몰퍼스물질은 장거리(원자가 수백 개~수천 개)의 차수에서는 원자배열의 질서가 없으나(허물어져 있다) 몇 원자~수십 원자의 차수에서는 결정물질과 마찬가지의 질서를 갖고 있으며, 이것을 「단거리질서」가 있다고 보통 표현한다.

앞에서 든 초등학교에서의 정렬된 책상과 걸상의 예로 비유한다면, 대학의 강의실처럼 긴 책상에 학생들이 적당히 분산되어 강의를 듣고 있는 것과 같은 상태(그림 2·7)를 3차원으로 확대한 것이다. 직감적으로 이해하기 위해 Si을 예로 들어 설명하면 그림 2·8(a)와 같이 결정상태의 Si은 「Si-Si-Si」이라는 결합이 매우 규칙적으로 배열되어 있다. 이에 대해 아몰퍼스는 그림 2·8(b)와 같이 그 결정이 조금 이즈러져 있는데, 이것은 단거리에서는 규칙성이 있으나 장거리에서는 규칙적으로 배열되어 있지 않다는 것을 의미한다.

**그림 2·7** 아몰퍼스물질. "학생(구성분자)들은 단거리에서는 질서가 있다."

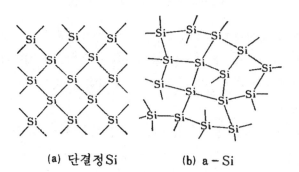

(a) 단결정 Si          (b) a – Si

**그림 2·8** 2차원으로 생각한 단결정 Si와 a-Si의 물질구조. 단결정 Si에서는 규칙바르게 배열되어 있으나, a-Si에서는 결합거리와 결합각이 조금씩 다르며 찌그러져 있다.

이와 같이 아몰퍼스물질에서의 「장거리질서의 결여와 단거리질서의 존재」라는 사실과, 「에너지간격의 존재」라는 사실은, 그때까지의 상식을 뒤집어 엎을 것 같이 생각되었다. 그러나 실제로는 포텐셜(potential)의 주기성 즉, 장거리질서가 에너지간격의 원인이라고 생각

 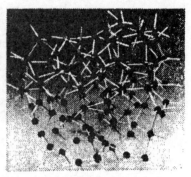

**(a) 단결정Si의 모델**       **(b) a－Si의 모델**

**그림 2·9  실리콘의 모델**

해 버린 것이 애당초 잘못이었다. 물질의 물성을 좌우하는 것은 장거리 질서가 아니고, 사실은 단거리질서이며 아몰퍼스에 에너지간격이 있다고 하여 조금도 이상하지 않다는 것이 밝혀진 것은 1960년이 되고서의 일이다.

따라서 아몰퍼스물질은 불규칙계 물질로서 단거리질서(Short range order)를 가지며, 장거리질서(Long range order)를 갖지 않는 물질로서 정의할 수 있다. 구조 모델로서 모식적으로 단결정 Si과 아몰퍼스 Si을 모형으로 만든 것을 그림 2 • 9에 보였다.

좀더 질서, 무질서를 우리 주변의 일부로부터 생각해 보자.

완전히 무질서한 물질, 즉 장거리질서도 단거리질서도 전혀 없는 무질서한 것의 예로는 "기체"를 들 수 있다. 우리를 둘러싼 "공기"의 원자배치는 완전히 무질서하다. 앞에서 설명한 장거리질서는 없으나 단거리질서가 존재하는 물질로서 유리 등의 아몰퍼스의 "고체"를 예로 들었으나, 그 밖에 "액체"인 물질을 들 수 있다.

표 2·1  아몰퍼스와  다른 물질과의 비교

| 물질의 거시적 상태 | | 원자배치 | | 열역학적 상태 |
|---|---|---|---|---|
| | | 단거리질서 | 장거리질서 | |
| 고 체 | 결 정 | ◎ | ◎ | 평 형 |
| | 아몰퍼스 (유리포함) | ○ | × | 비평형 |
| | 액 체 | ○ | × | 평 형 |
| | 기 체 | × | × | 평 형 |

◎ : 완전한 질서 ○ : 상당히 높은 질서 × : 질서가 없음
〔다나카(田中一宜)「日經일렉트로닉스」12 - 20, 1982에서〕

예를 들면 물이나 녹은 금속 등이 그 예이다.  보통, 액체는 장거리질서는 갖지 않으나 단거리질서를 갖는다.

그렇다면 액체는 "아몰퍼스"라고 부를 수가 있느냐? 또 보통 사용하는 "아몰퍼스"와 어떻게 다르느냐?-아몰퍼스물질을 열역학적인 입장에서 보는 관점이 있다. 기체나 액체도 일반적으로 열역학적으로는 평형상태에 있으나, 아몰퍼스고체는 다른 물질과는 달리 열평형상태에 있지 않다는 큰 특징을 갖는다. 이것은 다음 절에서 설명하는 것과 같이 급랭법으로써 형성하기 때문에 열역학적으로는 비평형상태로 동결되기 때문이다. 보통의 결정물질은 열역학적으로는 평형상태에 있다. 이상의 사실을 정리하면 표 2·1과 같이 나타낼 수 있다. 즉

① 기체는 단거리질서도 장거리질서도 아니나 열역학적으로는 평형상태이다.

② 액체는 단거리질서는 있어도 장거리질서는 없고 열역학적으로

표 2·2 무기질 고체의 원자조성에 따른 분류

| 원자조직 | | | 구체적 예 |
|---|---|---|---|
| 무기질 고체 | 결정질 고체 | 단결정<br>쌍정<br>다결정 | 실리콘 단결정<br>바이크리스탈<br>암석, 금속 |
| | 비정질 고체 | 아몰퍼스 | 유리 |

평형상태이다.

③ 고체인 아몰퍼스는 단거리질서는 있으나 장거리 질서는 없고, 열역학적으로는 비평형상태에 있다.

④ 보통의 결정물질은 단거리 및 장거리질서를 가지며, 또한 열역학적으로는 평형상태에 있다.

이와 같이 분류해 보면 아몰퍼스는 「결정」보다도 범위가 넓은 개념이라는 것을 알 수 있다. 즉 「아몰퍼스]물질 중에서 우연히 장거리질서를 갖는 것이 「결정」물질이라고 이해하는 방법도 또한 가능한 셈이다. 이것은 역학세계에서 고전역학에 대항하는 것으로서 양자 역학이 탄생하였으나, 현재는 오히려 양자역학은 대응원리에 의해 고전역학을 포함하는 더욱 일반적인 역학이라고 생각되고 있다는 사실과 아주 비슷하다.

현재 「아몰퍼스」를 세 가지로 분류하여 생각하고 있는 사람이 많다.

① 비정질 --- 액체를 포함한 불규칙계 물질 일반.

② 유리모양 --- 용액의 동결에 의해 유리전이점을 경과하여 만들

어진 물질.

③ 아몰퍼스 --- 고체로 한정시킨 불규칙계 물질

사람에 따라서는 아몰퍼스를 좀더 한정하여 사용하는 경우도 있으나, 여기서는 ①~③ 중 고체인 것을 「아몰퍼스」 라고 불러 얘기를 진행시켜 나가겠다. 중심 테마인 아몰퍼스반도체는 ③에서 정의하는 「아몰퍼스」 이다.

여기서 결정과 아몰퍼스에 대해서 좀 더 분류하여 보면, 일반적으로 무기질고체는 그 구성원자배열의 장거리 질서의 유무로부터 구분하는 결정질고체와 아몰퍼스가 있다. 결정질고체는 그 원자조직에 따라서 표 2·2에 보인 것과 같이 단결정, 쌍정(雙晶), 다결정으로 분류할 수 있다.


## 아몰퍼스물질의 이미지

아몰퍼스물질은 도대체 어떤 모습을 하고 있을까? 원자의 규모로써 이미지를 그려보자 원자의 규모란 옹스트롬(Angstrom) 즉 1억분의 1cm의 길이가 단위로 되어 있는 세계이며, 인간도 이 정도로 작아질 수 있다면 원자의 세계를 직접 볼 수 있을지도 모른다. 그러나 난장이보다 훨씬 더 작아지는 약은 현실적으로는 없기 때문에, 우리 인간은 원자의 규모를 가진 눈에 보이지 않는 빛을 사용하여 원자의 세계를 들여다 보는 방법을 발견하였다.

1895년, 뢴트겐(W. K. Rontgen, 1845~1923)에 의해 발견된 X선의 파장이 옹스트롬 단위의 길이인 것을 이용하여, 이 X선을 사용하여 1912년에 라우에(M. von Laue, 1879~1960)에 의해 이루어진 결정의

38

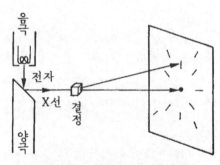

(a) 라우에의 X선 회절장치의 개략도

(b) 아몰퍼스물질의 X선 회절사진(시료는 유리판. 할로패턴이 보인다) .

(c) 결정물질의 X선 회절사진(라우에반점이 보인다)

그림 2·10  아몰퍼스 및 결정물질의 X선 회절상. 물질에 조사된 X선은 회절(진로가 굽혀짐)되어 떨어져 있는 사진건판을 노광한다.

X선회절실험이 그것이었다.

먼저, 결정물질의 구조를 조사하는 대표적인 방법인 X선회절에 대해 설명하겠다. 그림 2・10(a)에 라우에의 X선회절장치의 개략도를 보여 두었다. 가속한 전자를 양극(+)에 충돌시켜서, 튀어나온 X선을 한가닥의 광선으로서 결정에 조사하면, 투과된 X선의 광선은 결정에 의해 간섭을 받아 산란되어, 그 진로가 구부러(회절되어) 다수의 광선이 되어 결정으로부터 나온다. 이 회절된 X선을 X선에 감광하는 사진건판에 받아서 눈에 보이는 상으로 하면, 수많은 점으로 된 무늬가 관측된다. 이 점배열의 방법과 강도를 조사하면 결정구조를 볼 수 있게 된다. 즉, 결정의 규칙바르게 배열된 원자의 각종 조합(combination)에 의해 만들어지는 평면군에 따라서, 마치 평면거울에 의해 빛이 반사되듯이 X선이 회절되는(Bragg 반사) 것인데, 회절되는 방법을 조사하면 결정 중 원자의 배열방법을 알 수 있어서 결정구조를 조사 할 수 있다는 원리이다.

다음은 아몰퍼스물질의 구조를 조사하는 방법에 대해서 생각하여 보자.

아몰퍼스물질의 X선회절상의 한 예를 그림 2・10 (b)에 보였다. 그림 2・10(c)에 보인 것과 같은 점모양의 패턴을 이루는 결정의 X선회절상과는 달리, 윤곽이 희미한 아몰퍼스물질의 특유한 할로패턴(halo pattern)이라고 불리는 회절상 밖에 얻어지지 않는다. 이것은 아몰퍼스물질이 결정물질과는 달리 규칙바른 원자의 주기적 배열을 갖지 않는다는 것 즉, 원자배열이 불규칙하고 장거리질서를 갖지 않기 때문에 X선회절현상이 일어나지 않는 것에 기인하고 있다. 이와 같이 결정물질의 구조를 조사하는 데는 위력을 발휘했던 X선회절법도 결정과 같은 조사방법으로는, 아몰퍼스물질을 "희미한 상" 즉, "정체를 알 수 없는

**표 2·3** 아몰퍼스의 물질의 기능에 따른 분류

| 종류 | | 현저한 효과 | 응용 用 |
|---|---|---|---|
| 절연체 | 유리 | | 각종 유리제품 |
| | 유전체 | 유전성 | |
| 반도체 | 칼코겐화물계 | 스위치효과 | 스위치소자 |
| | | 메모리효과 | 메모리소자 |
| | 테트라헤드랄계 | 광전도 | 비디콘, 전자사진 |
| | | p-n접합 | 태양전지 |
| | | | FET |
| | 산화물 | 포토크로미즘 | 포토크로믹유리 |
| 금속 | 자성체 | 고투자율 | 자기헤드, 자심재료 |
| | | 버블자구 | 자기버블 메모리 |
| | | 고강도·내마모성 | |
| | | 내식성 | |
| | 초전도체 | 초전도성 | 전력전송 |

것"의 영역을 벗어나지 못하는 범위의 상 밖에 얻어지지 못한다. 그래서 이것을 반대로 이용하여 X선회절상에서 희미한 할로패턴이 얻어지는 것으로써 아몰퍼스상태의 하나의 확인조건으로 삼고 있다.

X선 대신 〈아몰퍼스물질의 구조를 조사하는 방법으로, 전자선과 중성자선을 사용하는 전자선회절법(전자현미경의 원리)과 중성자선회절법도 있으며, X선회절법과 마찬가지로 유력한 구조의 해석수단이 되고 있다.

**표 2·4**  아몰퍼스 절연체

| 아몰퍼스 유전체 및 무기유리 | 1. 단순 산화물 | $SiO_2$, $B_2O_3$, $P_2O_5$, $GeO_2$, $As_2O_3$ |
|---|---|---|
| | 2. 규산염 | $Li_2O\text{-}SiO_2$, $Na_2O\text{-}SiO_2$, $K_2O\text{-}SiO_2$ |
| | | $MgO\text{-}SiO_2$, $CaO\text{-}SiO_2$, $BaO\text{-}SiO_2$, $PbO\text{-}SiO_2$ |
| | | $Na_2O\text{-}CaO\text{-}SiO_2$ |
| | | $Al_2O_3\text{-}SiO_2$ |
| | 3. 붕산염 | $Li_2O\text{-}B_2O_3$, $Na_2O\text{-}B_2O_3$, $K_2O\text{-}B_2O_3$ |
| | | $MgO\text{-}B_2O_3$, $CaO\text{-}B_2O_3$, $PbO\text{-}B_2O_3$ |
| | | $Na_2O\text{-}CaO\text{-}B_2O_3$, $ZnO\text{-}PbO\text{-}B_2O_3$ |
| | | $Al_2O_3\text{-}B_2O_3$, $SiO_2\text{-}B_2O_3$ |
| | 4. 인산염 | $Li_2O\text{-}P_2O_5$, $Na_2O\text{-}P_2O_5$ |
| | | $MgO\text{-}P_2O_5$, $CaO\text{-}P_2O_5$, $BaO\text{-}P_2O_5$, $K_2O\text{-}BaO\text{-}P_2O_5$ |
| | | $Al_2O_3\text{-}P_2O_5$, $SiO_2\text{-}P_2O_5$, $B_2O_3\text{-}P_2O_5$ |
| | | $V_2O_5\text{-}P_2O_5$, $Fe_2O_3\text{-}P_2O_5$, $WO_3\text{-}P_2O_5$ |
| | 5. 게르만산염 | $Li_2O\text{-}GeO_2$, $Na_2O\text{-}GeO_2$, $K_2O\text{-}GeO_2$ |
| | | $B_2O_3\text{-}GeO_2$, $SiO_2\text{-}GeO_2$ |
| | 6. 텅스텐산염 | $Na_2O\text{-}WO_3$, $K_2O\text{-}WO_3$ |
| | 7. 몰리브덴산염 | $Na_2O\text{-}MoO_3$, $K_2O\text{-}MoO_3$ |
| | 8. 텔루르산염 | $Na_2O\text{-}TeO_2$ |
| | 9. 붕규산염 | $Na_2O\text{-}B_2O_3\text{-}SiO_2$ |
| | 10. 알루미노규산염 | $Na_2O\text{-}Al_2O_3\text{-}SiO_2$, $CaO\text{-}Al_2O_3\text{-}SiO_2$ |
| | 11. 알루미노 붕산염 | $CaO\text{-}Al_2O_3\text{-}B_2O_3$, $ZnO\text{-}Al_2O_3\text{-}B_2O_3$ |
| | 12. 알루미노붕규산염 | $Na_2O\text{-}Al_2O_3\text{-}B_2O_3\text{-}SiO_2$ |
| | 13. 플루오르화물 | $BeF_2$, $NaF\text{-}BeF_2$ |
| | | $ZrF_4\text{-}BaF_2\text{-}ThF_4$, $GdF_3\text{-}BaF_2\text{-}ZrF_4$ |
| | 14. 플루오르인산염 | $Al(PO_3)_3\text{-}AlF_3\text{-}NaF\text{-}CaF_2$ |
| | 15. 티탄산염 | $BaTiO_3$, $PbTiO_3$ |
| | 16. 탄탈산염 | $LiTaO_3$ |
| | 17. 니오브산염 | $LiNbO_3$ |

**표 2·5** 유리의 일반적 성질

| | |
|---|---|
| 굴절률 | ~1.52 |
| 반사열(수직) | ~4% |
| 비열 | 0.2(0~50°C) |
| 연화온도 | 720~730°C |
| 열전도율 | 0.68Kcal/mh°C |
| 선팽창률 | $9~10×10^{-6}$/°C |
| 비중 | ~2.5 |
| 경도 | 약 6도(모스경도) |
| 영률 | 720,000kg/cm² |
| 내후성 | 변화없음 |
| 일반적 조성 | SiO₂ 70~72%<br>Al₂O₃ 0~ 2%<br>CaO 6~12%<br>MgO 0~ 4%<br>Na₂O 12~16% |

## 아몰퍼스물질의 분류

석기시대로부터 철기, 실리콘시대로 결정재료가 중심이 되어 왔다는 것을 설명하였다. 그렇다면 「아몰퍼스」 물질에는 어떤 것이 있을까? 원리적으로는 결정계 물질의 규칙성을 없애게 한 것은 모두 「아몰퍼스」로 될 수 있는 셈인데, 제4장에서 설명하는 몇 가지 이유 때문에 「결정」으로서 존재하는 모든 것이 「아몰퍼스」 상태로 되는 것은 아니다. 그러나 아몰퍼스 물질도 결정과 마찬가지로 ①절연체, ②반도체, ③금속으로 분류할 수가 있다(표 2 · 3). 아몰퍼스물질은 몇 가지 원소가 혼합된 합금이 많고, 따라서 다종 다양하나, 그 대표적인 것과 두드러진 효과 및 용도를 정리하여 보여두었다.

(1) 절연체

아몰퍼스물질 중에서 절연체에 속하는 것으로는, 무기유리와 지금 껏 강유전체 재료로서 알려져 있는 물질을 아몰퍼스화한 것 등이 있다. 이것을 표 2 · 4에 정리하여 보여 둔다.

유리는 이미 우리의 일상생활에서 각종 유리제품으로 사용되고 있으며 친근한 존재이다. 예를 들면 판유리, 병 유리, 광학유리, 렌즈, 광조사에 의해 착색되는 포토크로믹(photochromic) 유리를 사용한 안경 렌즈. 또는 광통신용 섬유 등을 들 수 있다. 여기서 말하는 유리라는 것은, 이른바 무기유리를 가리키며, 대부분이 산화물이고 실리카($SiO_2$)를 주성분으로 하여 소다($Na_2O$)나 석회($CaO$) 등의 산화물을 혼합 용융하고, 용액을 냉각하므로써 얻어진다. 주성분이 되는 물질에 따라서 규산염유리, 붕산염유리, 인산염유리 등으로 불린다. 유리의 특징은 제2장에서 설명한 것처럼 용액을 동결하여 전이점을 거쳐서 만들어진 물질로 비열, 열팽창계수 등이 급격하고 가파르게 변화하는 온도(유리전이점, $Tg$)가 존재한다는 점이다. 유리의 일반 성질을 표 2 · 5에 보였다.

한편, 아직은 실험단계에 있으나 결정상태에서 강유전성을 갖는 티탄산바륨($BaTiO_3$) 등을 용융하여, 이것을 초급랭하므로써 아몰퍼스상 태의 얇은띠도 제작되고 있다. 일반적으로는 강유전성을 갖기 위해서는 결정과 같은 규칙바른 원자배열이 필요하다고 생각하며, 이와 같이 하여 만들어지는 아몰퍼스유전체가 자발적으로 분극을 나타내는 강유 전체일까 하는 문제는 아직 밝혀지지 않고 있다.

(2) 반도체

아몰퍼스반도체는 크게 나눠서 칼코겐화물계 반도체와 테트라헤드 랄(tetrahedral)계 반도체로 분류된다. 그 밖에 일부 반도체적인 성질을

표 2·6  아몰퍼스 반도체의 분류

| 칼코겐화물계 | 1. 단일원소 | S, Se, (Te) |
|---|---|---|
| | 2. 단순칼코겐화물 | As-S, As-Se, As-Te<br>Ge-S, Ge-Se, Ge-Te |
| | 3. 다성분칼코겐화물 | As-S-Se , As-S-Te, As-Se-Te<br>As-Si-Se, As-Si-Te, As-Ge-Te<br>As-Si-Ge-Te<br>$Li_2S$-CdS-$GeS_2$ |
| | 4. 산소칼코겐화물 | $As_2S_3$-$Sb_2O_3$,  $As_2S_3$-CuO<br>$Na_2S$-$GeO_2$,  $Na_2S$-$B_2O_3$,  $Na_2S$-$SiO_2$ |
| 계테트라헤드랄 | 1. 단일원소<br>2. 합금 | Si, Ge,<br>Si : H, SiC, SiN<br>SiGe, SiSn<br>Si : H : F |

나타내는 산화물도 있다.

아몰퍼스반도체의 분류를 표 2 · 6에 보였다. 칼코겐화물반도체는 그 이름대로 칼코겐원소인 황(s), 셀렌(Se), 텔루르(Te)와 그 화합물로써 되어 있으며, $As_2S_3$ 등은 그 대표적인 것으로, 보통 칼코겐유리라고 불린다. 이 칼코겐유리에는 이미 설명한 것과 같이 다른 반도체에 없는 특유한 성질이 있다. 예를 들어 전압을 가해 가면, 고저항상태가 갑자가 저저항상태로 바뀌고, 전압을 내리면 본래의 고저항상태로 되돌아 오거나, 또는 전압펄스(pulse)를 가하면 본래의 상태로 되돌아가는 등의 현상을 볼 수 있다. 이와 같은 스위치현상을 적극적으로 이용한 스위치소자도 제작되고 있다(제5장 ). 또 칼코겐 유리는 빛을 쬐이면 그 성질이 변화하는 광구조 변화를 볼 수 있다. 이 현상을 이용하여 광메모리에 응용하려는 연구도 진행되고 있다.

한편, 테트라헤드랄계 아몰퍼스반도체는 실리콘(Si), 게르마늄(Ge) 등으로 대표되는 것과 같이, 원소가 4배 위로 결합한 것이다. 결정의 Si과 Ge은 배위수가 다른 원소를 첨가(dopping)함으로써 그 전도형을 제어할 수 있으나, 아몰퍼스상태의 Si 등은 불완전한 결합이 많기 때문에 제어할 수가 없었다. 그런데 제5장에서 설명하는 것과 같이, 수소로 불완전한 결합을 메운 수소화 아몰퍼스실리콘(a-Si : H)은 전도형의 제어가 가능하다는 것이 알려진 이후, 테트라헤드랄계 아몰퍼스 반도체의 연구는 더욱 왕성해지고 있다. 응용으로는 태양전지, 광센서(sensor), 복사기용 감광드럼(drum), 박막 트랜지스터 등 그 범위가 급속히 넓어지고 있다.

(3) 금속

보통의 금속에는 결정립계(grain boundary)나 전위(dislocation) 등의 결함이나 불규칙성이 존재하나, 아몰퍼스금속에는 그것이 없다. 따라서 결정질의 금속에 비교하여 기계적 강도가 크고 내마모성이 있다. 또 뒤에서 말하는 것과 같이 균질이기 때문에, 조성에 따라서 균일한 부동태 피막이 형성되어 부식에 대해 강한 것도 있다.

또, Fe, Ni, Co 등의 합금이 자성재료로서 중요시되고 있으나, 아몰퍼스합금은 자성재료로서 우수한 성질을 갖고 있다. 아몰퍼스합금은 결정립계를 갖지 않기 때문에, 투자율이 높은 연자성(자성 물질의 투자율이 크고 보자력이 작은 성질) 재료가 된다. 더구나 아몰퍼스금속의 전기저항률은 일반금속의 약 5배이며, 와전류손실이 작기 때문에 자심(자기적인 성질을 이용하거나 전류를 이송시키는 도체와 관련하여

표 2·7 아몰퍼스금속 및 합금

| 1. 귀금속의 합금 | Au-Si, Au-Ge, Au-Sn, Au-Pb, Au-Si-Ge, Au-Pb-Si<br>Ag-Pb, Ag-Cu, Ag-Pb-Si<br>Cu-Zr<br>Pd-Si, Pd-Cu-Si<br>Pt-Sb, Pt-Ge<br>Rh-Nb, Rh-Ta<br>Re-Si<br>Ir-Nb, Ir-Ta, Ir-Ta-B |
|---|---|
| 2. 천이금속의 합금 | Fe-P-C, Fe-P-C-Al, Fe-P-C-Al-Si, Fe-P-Si-Al, Fe-Cr-P-C, Fe-Mo-P-C,<br>Fe-W-P-C, Fe-P-B-Al<br>Fe-B, Fe-Si-B, Fe-Mo-B, Fe-Cr-B, Fe-Mo-Si-B, Fe-Nb-Si-B,<br>Fe-Cr-Si-B, Fe-Co-P-B-Al, Fe-Ni-P-B<br>Ni-P, Ni-Nb, Ni-Ta, Zr-Ni, V-Ni, Pb-Ni-P, Ni-Nd-Si-B, Ni-P-B-Al,<br>Ni-Nb-Si-B, Ni-Ta-Si-B, Ni-Si-B, Pt-Ni-B, Ni-Cr-Si-B, Ni-W-Si-B,<br>Ni-Mo-Si-B<br>Co-P, Co-Au, Co-Si-B<br>Ti-Ni, Ti-Si, Ti-Ni-Si, Ti-Ni-B, Tr-Fe-Si, Ti-Be-Zr |
| 3. 기타 합금 | Mg-Zn, Pb-Sb |
| 4. 금속원소 | Ni, Fe, Co, Cr |

위치하는 자성 물질을 통틀어 이르는 말. 변압기나 유도 코일에 쓰이거나, 유도 자기장을 집중시켜 정보를 저장하기 위해 분극을 유지할 때, 논리 소자의 비선형 특성을 이용할 때 쓰인다. 일반적으로 철선, 산화철, 자기 테이프 코일, 페라이트, 박막 따위로 만든다)재료로 사용하면 전력손실을 대폭적으로 절감할 수 있다.

이상과 같이 아몰퍼스합금은 우수한 성질을 갖기 때문에 자기헤드용 코어(core) 재료에 사용되거나 , 자기버블메모리나 자기테이프 및 디스크(disk ) 등의 재료로 사용된다. 그러나 아몰퍼스금속은 결정에 비해 열적으로 준안정상태에 있기 때문에 열에 별로 강하지 못한 결점을 갖고 있다. 약 200 ℃정도의 고온이 되면 결정화가 시작되며 위에서 말한 우수한 특성이 저하되기 시작한다. 현재 이 특성의 열화(절연체가 외부적인 영향이나 내부적인 영향에 따라 화학적 및 물리적 성질이 나빠지는 현상)를 방지하기 위해 각 연구기관에서 연구가 진행되고 있다. 표 2・7에 아몰퍼스금속을 정리하여 보였다. 그 밖에 아몰퍼스합금은 20K 이하의 저온에서 전기저항이 제로가 되는 초전도성을 갖는 것이 알려져 있다. 예를 들면 아몰퍼스 상태의 비스머스(Bi)는 그 임계온도가 6K 로, 이 온도 이하에서 초전도성을 나타낸다는 사실이 알려져 있다. 또 Mo-Si계, Mo-C계 아몰퍼스합금, Au-Si 계 아몰퍼스합금 등도 초전도성을 나타낸다는 것이 알려져 있다.

여기서, 지금까지 설명한 아몰퍼스절연체, 반도체, 금속에서의 전자 띠(band)가 어떻게 되어 있는가를 생각해 보자. 띠란 무엇인가에 대해서는 제5장에서 그것이 어떻게 형성되는가에 대해 설명하기 때문에, 여기서는 직감적인 이해정도로 그치고, 얘기를 진행하겠다. 규칙계의 절연체, 반도체, 금속의 띠 구조를 그림 2・11에 보였다. 빗줄로 표시한 부분은 절대 0도에서 전자가 채워져 있는 것을 나타낸다. (1)은 절

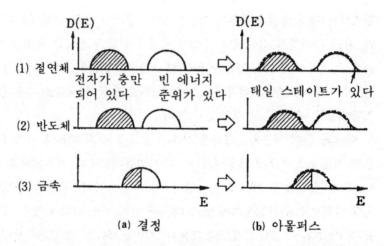

**그림 2·11** 절연체, 반도체, 금속의 띠구조〔 미자와(米沢富美子)「아몰퍼스 반도체의 기초」에서 일부 개변).

연체이므로 전도대와 가전자대의 에너지 간격은 크다. (2)는 반도체이
므로 그 간격은 작다. 같은 그림 (b)는 각각의 물질이 아몰퍼스 상태로
되었을 때의 띠 상태를 나타낸다. 불규칙계에서는 그 불규칙성에 의해
규칙적인 계의 간격이 분명하지 안게 확산하여 각 띠의 상단, 하단에서
상태밀도가 꼬리 (tail)를 갖게 된다. 이것을 태일스테이트(tail state)라
고 부른다. (1)의 절연체의 경우에는 본래 가전자대와 전도대의 간격이
너무 크기 때문에 꼬리가 다소 퍼져도 띠 간격을 전부 채울 정도로는
되지 않고, 그다지 그 전자적 특성에 큰 영향을 주지 못한다. 또 (3)의
금속에서는 페르미 레벨(fermi level)이 띠의 중앙 부근에 있기 때문에,
이 부근의 상태 밀도의 불규칙성의 영향을 별로 받지 않는다. 한편 반
도체의 경우는 (a)-(2)에 보인 것과 같이 가전자대와 전도대의 간격이
작기 때문에 태일스테이트가 그 전자적 특성에 큰 영향을 준다. 그러므
로 아몰퍼스반도체는 아몰퍼스 특유의 성질을 좀더 갖기 쉽다.

　이상 설명한 것과 같이, 아몰퍼스물질은 다종 다양하면서도 종래의 결정계 재료에서는 볼 수 없었던 우수한 특성을 갖고 있다. 동시에 아몰퍼스상태이기 때문에 결점도 적지 않게 갖고 있다. 앞으로는 이들 결점이 극복되어 신재료로서의 개발이 더욱더 진전되어 나갈 것이다.

# 제 3 장

# 결정에 없는 아몰퍼스의
# 독특한 성질이란?

## 물질의 성질은 무엇으로 결정되는가 ?

물질의 성질은 그 물질을 구성하는 원자와 그 결합상태, 즉 분자의 배열로써 결정된다. 예를 들면 철은 Fe라는 원자로써 구성되고 이것이 결합하므로써 결정상태가 되며, Fe 원자와 그 결합상태를 반영하여 전기전도도가 좋다든가 연성(물질이 탄성 한계 이상의 힘을 받아도 부서지지 아니하고 가늘고 길게 늘어나는 성질. 금속은 일반적으로 이것이 큰데, 그중에서도 백금이 가장 크고, 금·은·알루미늄 따위가 그다음이다)이 좋다든가 하는 성질이 나타난다. 그 경우, 일반적으로 물질의 성질은 장주기, 즉 원자가 수백 개 수천 개의 크기로 되풀이되므로써 결정된다고 생각되고 있었다. 그런데 아몰퍼스물질은 앞에서 설명했듯이 단거리의, 즉 몇 원자에서부터 수십 원자 크기의 질서는 있으나 장거리질서는 없다. 그런데도 불구하고 아몰퍼스물질은 단결정물질과 매우 비슷한 성질을 나타낸다.

그래서 최근에는 아몰퍼스물질의 단결정물질과의 유사성은 이런 단거리질서로부터 나타나는 것으로 생각되고 있다. 이것만이라면 아몰퍼스물질이나 단결정물질도 같은 것이 된다. 그렇지만 아몰퍼스물질 특유의 장거리질서의 결핍으로 인해, 그것과 같은 원소로 이루어진 결정계에서는 나타나지 않는 새로운 물성이 나타난다. 이것이 '아몰퍼스'가 신소재로서 주목을 받고 있는 이유이며 신비스러운 성질이 생기는 원인이다. 아몰퍼스물질은 옆에서 설명한 것과 같이 크게 나누어 절연체, 반도체, 금속 등이 있으며, 각각 특이한 아몰퍼스적 성질을 나타내기 때문에, 한 마디로 그 특징을 정리하여 표현하기는 어려우나, 대충 정리하여 표현하면 표 3·1과 같이 다음 4가지로 정리할 수 있다.

**표 3·1** 아몰퍼스 물질의 특징

---

**(1)** 장거리질서가 필요없기 때문에 물성상수를
크게 변화시킬 수 있다

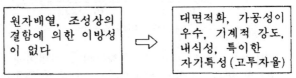

구성원자와 그 조성비의 선택에 자유도가 있다 ⇨ 물성상수가 어느 정도 연속적으로 변화시킬 수 있다

**(2)** 균질하여 결정입계가 없다

원자배열, 조성상의 결함에 의한 이방성이 없다 ⇨ 대면적화, 가공성이 우수, 기계적 강도, 내식성, 특이한 자기특성(고투자율)

**(3)** 구조가 불규칙하다

전기전도도가 낮다 ⇨ 그 특성을 살린 새로운 구조장치

**(4)** 열역학적으로 비평형계

조건 따라 상태변화 ⇨ 아몰퍼스 ⇄ 결정화

---

(1) 장거리질서가 불필요하기 때문에 물성상수를 크게
   변화시킬 수가 있다.

(2) 균질이며 입계가 없다.

(3) 구조에 산란이 있다.

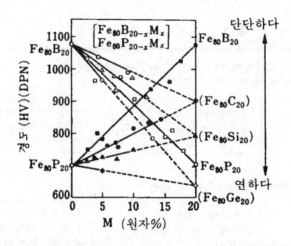

**그림 3·1** 철계 아몰퍼스 합금의 조성변화에 대한 경도의 변화. 조성을 바꿈으로써 약 2배 경도가 변화하고 있다(M. Naka and T. Masumoto, J. de Rhys. No 8, 1980, C8-839에서).

(4) 열역학적으로 비평형계이다.

아래에서 좀더 상세히 설명하겠다.


(1) 물성상수를 크게 변화시킬 수가 있다

구성원자나 그 조성비의 선택이 자유롭다.

단결정물질의 경우 Si 또는 Ge과 같이, 재료가 정해지면 그 결정물질의 물성상수는 일정한 값이 된다. 왜냐하면 원소가 일정한 주기로 배열하게 되므로 각 원자의 결합상태가 모두 같아지기 때문이다. 또 이들에 다른 조성원소를 첨가하는 경우, 단결정물질에서는 일정한 한계가 있다. 이것은 원자의 크기가 다르기 때문에 혼합된 결정을 만들 경우, 혼합비가 정해진다는 것이나, 원자반경과 결합에너지가 크게 다른

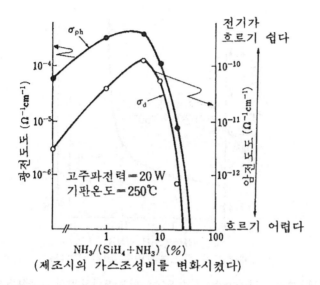

(제조시의 가스조성비를 변화시켰다)

**그림 3·2** 아몰퍼스 실리콘 나이트라이드막의 조성변화에 대한 도전율의 변화. 조성변화에 따라 광전도도, 암전도도가 2자리 변화한다.

물질은 구성원소로서 첨가하기가 어렵다는 점이 있다. 아몰퍼스물질의 경우, 장거리질서가 불필요하기 때문에 구성원소의 종류를 널리 선택할 수 있고, 또 그 조성비를 크게 변화시킬 수가 있다. 즉 결정계에서는 합성되지 않는 조성의 물질의 제조가 가능하게 된다.

예를 들면 세라믹재료나 절연막으로서 잘 알려져 있는 산화실리콘은, 단결정상태에서는 $SiO_2$로만 존재하나, 아몰퍼스에서는 그 조성비를 연속적으로 변화시킬 수가 있다. 또 a-SiSn 등 천연으로는 존재하지 않는 조성의 물질을 구성할 수 있다. 이와 같이 아몰퍼스물질에서는 지금까지 생각하지 못했던 새로운 물질이 등장하고 있다.

이에 따라서

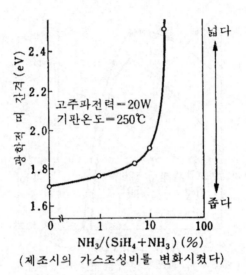

**그림 3·3** 아몰퍼스 실리콘 나이트라이드막의 조성변화
에 대한 광학적 띠간격의 변화.

① 비중, 경도, 내식성과 유리 전이온도와 같은 원자적 성질을
  반영한 상수

② 도전율, 투자율, 전기적 금지대폭과 같은 전기적 물성상수

③ 광학적 금지대폭, 굴절률과 같은 광학적 물성상수 등의 전자적
성질을 반영한 상수에 이르기까지, 각종 물성상수를 변화시킬 수가 있
고, 더구나 연속적으로 제어할 수가 있다.

그러면 실제로 이들 상수가 어떻게 변화하는가 예를 들어보기로 하
자. 그림 3·1은 ①의 원자적 성질을 반영하는 상수의 예로서, 철계의
아몰퍼스합금의 조성비 변화에 대한 경도의 변화를 보였다. 이들 아몰
퍼스합금은 액체로부터의 급랭에 의해 만들어지고 있다. 이와 같이 다
이나믹하게 조성비를 변화시킬 수가 있고, 또 경도도 그에 따라 크게

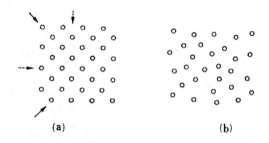

**그림 3·4**  2차원적 결정 (a)과 아몰퍼스(b)의 원자배열.  결정 (a)에서는 실선과 점선의 방향에서 원자는 겹치는  방법이 다르나, 아몰퍼스(b)에서는 어떤 방향에서도 불규칙 하다.

변화시킬 수 있다는 것이 아몰퍼스재료의 특징이다. 또 그림 3·2는 ②의 전기적 물성 상수가 변화한 예로서, 암모니아($NH_4$)와 실란(Silane, $SiH_4$)의 반응에 의해 형성된 아몰퍼스 실리콘나이트라이드(a-SiN)막의 조성변화에 의한 도전율(전류 흐름의 쉬운 정도)의 변화를 나타내었다. 그림 3·3은 이 a-SiN의 ③의 광학적 물성상수인 광학적 금지대폭의 변화를 가리키고 있다. a-SiN은 그 조성변화에 따라서 절연막, 세라믹재료 반도체재료 등에 사용되고  있다. 이와 같이 아몰퍼스물질은 그 용도에 따라서 구성원자와 그 조성을 선택할 수 있어 주문생산이 가능한 물질로서 주목을 모으고 있다.

(2) 균질하다

결정성 재료에서는 결정의 대칭성을 반영하여 결정방위(orientation)에 따라 그 물성, 예를 들면 도전율 등의 전기적 특성, 벽개(cleavage)와 같은 역학적 특성, 자기적 특성이 다르다. 이와 같이 결정의 방위에 따라서 성질이 다른 것을 이방성(anisotropic)이라고 한다. 그림

그림 3·5 다결정물질의 결정입계의
상태를 나타낸 그림. 일반적으로
결정물질은 결정방위가 다른 다
수의 결정립으로 되어 있으며,
그 사이에는 결정입계가 있다.

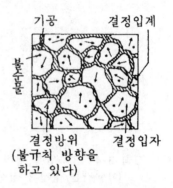

기공    결정입계

불순물

결정방위    결정입자
(불규칙 방향을
하고 있다)

3·4와 같은 2차원적 원자배열을 생각해 보자. 앞에서도 설명하였으나 결정이라는 것은, (a)와 같이 규칙바르게 배열되어 있는 것이며, 아몰퍼스물질의 경우는 그 규칙성이 무너져 있어 (b)와 같이 되어 있다. 결정의 경우, (a)에서 실선의 화살표로 가리키는 것과 같은 방향에서는 원자가 겹쳐지는 방법이 달라지므로써 이방성이 생긴다. 한편 아몰퍼스물질의 경우는 (b)와 같으며, 어느 방향에서 보아도 불규칙하게 배열되어 있어 이방성은 존재하지 않는다. 다만 실제의 결정질 재료는 대형의 단결정을 제외하고는 대부분이 방위가 다른 작은 결정이 모여서 이루어져 있기 때문에, 모든 재료에서 이방성이 관측되는 것은 아니다.

결정질 재료는 LSI칩(대규모집적회로 chip)에 사용되고 있는 실리콘이나 발광다이오드(diode)에 사용되는 GaP나 GaAs와 같은 단결정을 제외하면, 보통 그림 3·5에 보인 것과 같은 결정방위가 다른 작은 그레인(grain;결정립-금속 재료 따위에서, 현미경적인 크기의 불규칙한 형상의 집합으로 되어 있는 결정 입자)의 집합으로 이루어져 있다. 이 결정립 사이에는 입계(grain boundary: 결정 입자가 서로 접하고 있는 경계)가 존재한다.

이 입계는 보통 불완전한 결정질이거나, 조성이 다르거나 하기 때문에 전기적, 자기적, 기계적 성질 등에 큰 영향을 준다. 예를 들면 철은 보통 입계를 갖고 있으며, 기계적인 강도는 이 입계에 따라서 좌우된다. 만일 큰 단결정의 철이 만들어진다면 현재보다 기계적 강도가 큰 것이 얻어질 것이다. 한편 아몰퍼스물질에서는 그 불규칙성으로부터 결정립이 없고 입계도 존재하지 않는다. 따라서 단결정과 같은 계면(interface: 서로 맞닿아 있는 두 물질의 경계면)도 없다. 이상에서 설명한 내용으로부터

① 대면적화, 대형화가 가능하다.

② 물성적으로 특이한 물성을 나타낸다.

그 결과

–기계적 강도가 크다.

–고투자율 물질이 얻어진다.

–조성에 따라 내부식성 물질이 얻어진다.

기계적 강도에 관해서는, 철의 예에서 보인 것과 같이 입계가 존재하면 강도가 떨어진다. 이것으로부터 아몰퍼스물질에서도 단결정의 경우와 마찬가지로 입계가 없기 때문에 강도가 높아진다. 투자율에 관해서는, 결정질 재료에서는 결정 자기이방성이 있기 때문에, 자화가 자계의 방향으로 회전하는데 장애가 된다. 그런데. 아몰퍼스물질의 경우는 결정성이 없기 때문에 결정 자기이방성이 없고 자화가 자계의 방향으로 회전하기 쉬워진다. 그러므로 투자율이 높은 물질이 아몰퍼스의 경우에는 얻어질 수 있다. 또 결정물질과 같이 입계가 있으면, 거기서 선택적 부식이 생기나, 아몰퍼스의 경우는 균일하게 부식이 일어나고, 적당한 조성에서는 부동태(passive state: 금속이 보통 상태에서 나타내는 반응성을 잃은 상태. 철이나 크롬과 같이 산과 쉽게 반응하는 금속

은 진한 질산에 담근 후에는 산과 반응하지 않는 현상을 보이는데, 이것은 금속 산화물의 얇은 막이 금속의 표면을 형성하고 있기 때문이다)가 형성되어 내식성의 물질이 얻어진다.

### (3) 구조에 산란이 있다

아몰퍼스물질에는 장거리질서가 없고 격자스트레인을 갖고 있는 부분이 있다. 이것들이 일반적으로 전기 전도도를 낮게 한다.

먼저 아몰퍼스합금의 경우에 관해 설명하겠다. 보통 금속 및 합금은 결정상태이며, 따라서 그 전도대는 잘 축퇴(양자 역학에서, 하나의 에너지 준위에 대하여 두 개 이상의 상태가 존재하는 일)하고 있어 전기저항이 매우 작다. 한편 아몰퍼스합금의 전기저항은 결정상태와 비교하여 매우 높다. 예를 들면 보통 합금의 비저항은 $10 \sim 100\,\mu\Omega \cdot cm$ 정도인데 아몰퍼스합금의 비저항은 $50 \sim 350\,\mu\Omega \cdot cm$로 $4 \sim 6$배 정도가 높고 액체상태보다 오히려 높은 경우도 많다. 이와 같이 높은 비저항을 나타내는 원인으로는 아몰퍼스합금 속에서는 그 결정성 즉 장거리질서가 상실되어 전도전자가 잘 산란되기 때문이다. 전도전자가 산란되지 않고 진행될 수 있는 평균거리, 즉 평균자유행로가 수 Å(옹스트롬: 100억분의 1미터)으로 매우 짧아서 원자간 거리 정도이다. 즉 장거리질서의 결여에 의한 결함에 의해, 전도전자가 산란되어 평균자유행로가 매우 짧아져서 전기저항을 높이고 있다.

반도체의 경우는 어떠할까? Si과 Ge를 예로 들어 전도상태에 대해 약간 설명하겠다. Si 또는 Ge원자는 각각 Si-Si(또는 Ge-Ge)의 원자간 결합을 형성하면, 그림 3・6(a)에 보인 것과 같이 그 원자의 s궤도와 p궤도가 혼합되어, $sp^3$ 혼성궤도를 형성한다. 분자상태에서는 이것이 결합상태($\sigma^+$)와 가결합상태($\sigma^-$)로 분리된다. 이 2개의 전자상태로

의 분리가 고체에서의 띠구조 형성과 에너지간격이 생기는 근본원인이
된다. 근접 분자 끼리의 상호작용에 의해 각 분자의 에너지준위는 에
너 지띠로 퍼지고, 그림 3·6(a)와 같이 절대0도(0K)에서는 모든 상태
가 전자로 점유된 가전자대와 빈 상태에 있는 전도대로부터 이루어지
는 에너지간격이 형성된다. 결정의 경우 띠간격 중에는 (a)에 보인 것
과 같이 띠의 끝이 날카롭다.

아몰퍼스반도체의 경우도, 띠의 기본적 구조는 단결정의 경우와 마
찬가지이고, $sp^3$혼성궤도로부터 분리된 $\sigma^+$와 $\sigma$에 의해 가전자대와 전
도대가 형성되어 띠 간격이 나타난다. 그러나 아몰퍼스의 경우는 장거
리질서가 결여되어 원자간의 결합거리나 결합각이 일정하지 않다. 에너
지준위의 결정에 영향을 주는 결합거리나 결합각이 일정하지 않음에 따
라 그림 3.6(b)에 보인 것과 같이 띠의 끝이 스며나와 흐릿해진다. 또 같
은 그림의 오른쪽에 보인 원자결합의 모식도에 있듯이 원자결합에 기
여하지 않는 당글링본드[dangling bond: 미결합수-(공유 결합 결정에
서 격자 결합을 에워싼 원자군이 갖는) 불포화 결합]가 존재하여 $\sigma^+$와
$\sigma^-$에 의한 준위 이외의 준위도 존재한다. 이와 같이 아몰퍼스반도체에
는 띠간격 중에도 에너지준위가 존재하며 국재준위(local level)라고 부
른다.

그러면 이 국재준위에 대해 보다 상세히 설명하겠다. 그림 3·6(b)
의 아몰퍼스반도체의 띠간격 부근을 확대한 것이 그림 3·7 (a)(b)이
다. 앞에서 설명한 띠의 끝이 스며 나옴에 따른 에너지준위는 띠꼬리
(band tale)라고 불리고, 그 상태밀도는 같은 그림(b)에서 보인 것과 같
이 전도대나 가전자대의 연장선상에 있다. 또 띠꼬리와는 독립하여 당
글링본드 등에 의해 에너지준위도 있어, 이것과 띠꼬리가 합쳐져서 국
재준위가 형성된다.

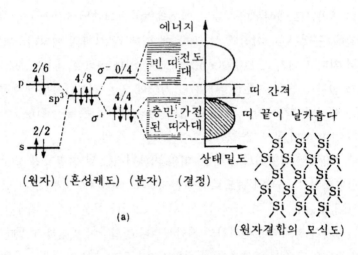

(a)

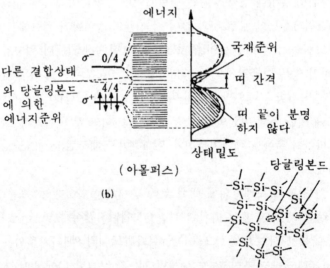

(b)

**그림 3·6** Si 과 Ge의 에너지띠 형성의 개념도. 아몰퍼스의 경우 장거리질서의 결여에 의해 띠끝이 분명치 않거나, 당글링본드에 의한 국재준위가 띠간격 속에 존재한다.

이 국재준위 때문에 일반적으로 아몰퍼스반도체의 전기전도도는 두드러지게 낮아진다. 또 이 띠꼬리가 존재하기 때문에 아몰퍼스반도체에서는, 단결정과 같이 예민한 띠간격이 존재하지 않는다.

이 때문에 엄밀한 의미에서 결정에서와 같이 띠간격을 정의한다는 것은 어렵다. 즉 띠에 "불확실성"이 있다. 이것에 대해 시카고대학의 코엔(Cohen)교수는, 전자나 정공(positive hole: 절연체나 반도체의 원자 간을 결합하고 있는 전자가 밖에서 에너지를 받아 보다 높은 상태로 이동하면서 그 뒤에 남은 결합이 빠져나간 구멍)의 이동도로부터 이 띠간격을 규정하는 의견을 제안하였다. 이것은 전자의 파동함수가 공간적으로 퍼져 있는 상태로부터, 앞에서 말한 국재화되어 가는 경계의 에너지, 즉 결정에서의 전도대($E_c$)와 가전자대($E_v$) 부근에서 아몰퍼스반도체에서의 전도메카니즘은 그림 3·7(d)에 보였듯이, 일반적인 띠전도로부터 호핑(hopping, 깡충뛰기)전도, 즉 국재준위 사이를 양자적 터널현상으로 전자가 뛰어서 이동하는 전도로 변화하기 때문에 전자나 정공의 이동도가 크게 감소한다. 그래서 그림 3·7(c)에 보인 것과 같이 전자, 정공의 이동이 극단적으로 작아지는 준위를 규정하고, 이것을 이동도간격 Eg(el)로 정의하여, 단결정의 경우에 정의한 띠간격과 대응시켰다. 이 이동도간격을 실험적으로 결정한다는 것은 어렵기 때문에 편의적으로 전기전도도의 활성화에너지 $\Delta E$의 2배로서 규정하는 경우가 많다(다만 이 방법은 페르미준위가 에너지간격의 중앙에 있는 경우에만 적용된다). 일반적으로 아몰퍼스반도체의 에너지 간격을 결정하는 방법으로는, 광흡수계수의 광자에너지 의존성으로부터 경험적으로 결정하는 광학 띠간격(광흡수단 에너지), $E_{opt}$가 사용되고 있다.

금속, 반도체의 경우를 예로 들어 설명하였으나, 아몰퍼스물질은 구조의 혼란을 포함하고 있어, 이것에 의해 일반적으로는 전기전도도가

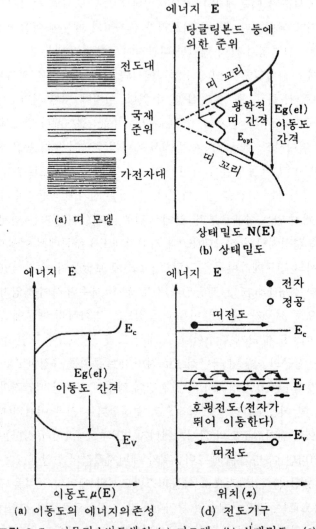

**그림 3·7** 아몰퍼스반도체의 (a) 띠모델, (b) 상태밀도, (c) 이동도의 에너지의존성 및 (d) 전도기구. 아몰퍼스 반도체에서는 국재준위 사이를 전자적 터널현상으로 전자가 뛰어 이동하는 호핑전도가 있다.

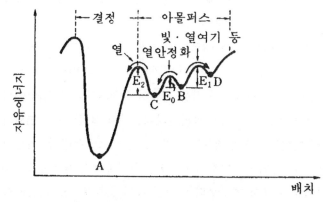

**그림 3·8** 결정과 아몰퍼스의 자유에너지. 결정의 경우, 자유에너지는 최소값을 취하지만 아몰퍼스에서는 극소값을 취해, 그 값을 변화시킬 수 있다.

낮아진다는 것이 이해될 것이다.


(4) 열역학적으로 비평형계이다

보통 열평형상태에 있는 결정은 그림 3·8의 A점으로 가리켜지듯이 모든 계의 자유에너지 중 최소값을 취한다. 이것에 대해 안정상태에 있는 아몰퍼스고체는 급랭법에 의해 형성되기 때문에, 열평형에 도달하기 전에 그 구조원자를 동결(quench)시켰기 때문에 비평형상태에 있으며, 보다 자유에너지가 높은 상태에 있는 그림 3·8의 극소값 B점을 취한다. 급랭방법에 따라서 이 위치는 변한다. 따라서 가열이나 광여기(excit) 등 외부로부터의 에너지의 공급에 의해, 또 실온에서도 장시간을 경과하므로써 열적으로 더욱 안정한 극소점 C로 옮겨지거나, 활성화에너지 $E_1$보다도 높은 외부로부터의 에너지, 예를 들면 광여기 등에 의해서 보다 높은 에너지 상태 D로 바뀌거나 한다. 이것은 아몰퍼스물질에 약간 외부에너지, 예를 들면 열 등을 가하면 특성이 변화하는 등의 현상으로서 나타난다.

이것이 원인이 되어 때로는 안정성이나 신뢰성의 면에서 아몰퍼스 재료가 "불신"을 받는 일이 있다. 가해지는 에너지에 따라서는 보다 큰 구조의 변화가 생긴다. 즉 같은 그림의 활성화에너지 $E_2$의 에너지를 빛이나 열 등으로서 주변, 아몰퍼스상태로부터 결정상태로 변화하거나 그 반대의 변화도 생기는데 이것들을 '상전이'라고 부른다. 이들의 전형적인 예를 제6장의 칼코겐화물 아몰퍼스반도체에서 자세히 설명하겠다.

가까운 예로서 예로부터 있었던 유리의 경우에도 실온에서 서서히 결정화가 일어나고 있으며, 고대 이집트시대의 수천 년을 지난 유리는 결정화하여 이른바 실투(devitrification)를 하고 있다. 즉 투명도를 잃고 불투명하게 되어 있다. 이것은 결정화에 의해 빛이 그 입계에서 반사하여 불투명하게 되는 것이다. 어느 정도의 에너지로 결정화가 일어나는가는 그 물질이 갖는 특성에 좌우된다. 보통 아몰퍼스물질의 불안정성은 결점으로 생각되고 있으나 반드시 결점이 되지는 않는다. 왜냐하면 앞에서 말한 유리와 같이 결정화의 시간이 상당히 길고(예를 들면 수백 년) 또, 그 보존용도에도 좌우된다. 이것들에 대해서는 각종 불순물을 첨가하는 등으로써 대책이 취해지고 있다. 뒤에서 설명하듯이 이 비평형상태를 오히려 적극적으로 활용하려는 경향도 있다.

# 제 4 장
# 아몰퍼스는
# 어떻게 만드는가 ?

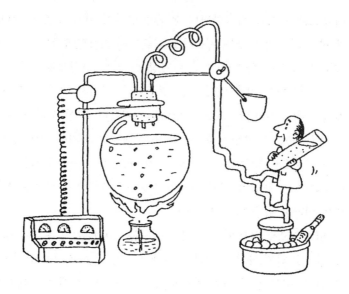

## 결정의 육성과정

아몰퍼스물질의 형성법을 설명하기 전에 앞절과 마찬가지로 먼저 결정의 성장과정을 돌이켜 보기로 한다. 독자는 어쩌면 중학교나 고 등학교에서 황산구리의 결정을 성장시켰을지도 모르겠다. 이때 비커에 넣은 물을 조금 데워서 황산구리를 녹였을 것이라고 생각한다. 물은 청색이 되고 서서히 온도를 내리면 비커의 바닥에 작은 청색 황산구리의 결정이 성장한다. 이와 같이 보통 결정은 그 원소를 함유하는 기상(기체 상태) 또는 액상(액체 상태)으로부터 육성된다. 그래서 기상으로부터의 결정을 육성하는 경우를 모델로 생각해 보겠다. 지금 단결정을 성장 시키려고 하는 기상 속에 기판(substrate)을 놓고, 기상 속 원소의 증기압을 과포화상태로 한다. 즉 그 온도에서 함유할 수 있는 농도 이상으로 원소를 첨가하거나 온도를 변화시킨다( 보통 낮춘다). 그렇게 하면 과잉의 원소는 어딘가로 석출되지 않으면 안된다. 즉 축출되기 때문에 기상 속 원소의 일부는 기상으로부터 고상으로 이동하여 그림 4・1(a)와 같이 기판 위에 핵을 형성한다. 여기서 핵이란 그 이상의 성장을 지속할 수 있는 최소의 입자를 의미한다. 기상 속의 원자는 이 핵과 충돌하고, 그 표면을 확산시키면서 적당한 위치를 찾아 정착하거나 다시 기상으로 되돌아가든가 한다. 이 표면에 응축한 원자는 그 잠열을 상실하여 그 표면을 기판보다 높은 온도로 만든다. 이 높은 온도가 표면의 원자를 이동하기 쉽게 한다.

일반적으로 표면에 응축되는 원자는 (b)와 같이, 보다 안정한 상태로 되려고 하기 때문에 최근접 원자가 가장 많은 위치를 선택하여 점유해 간다. 이와 같이 하여 차례로 원자가 규칙바르게 성장해가면, 기판

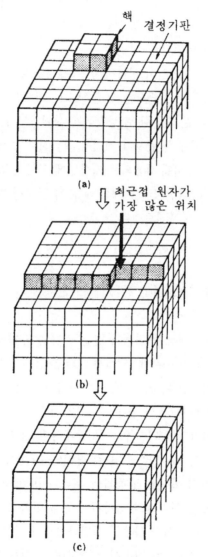

그림 **4·1** 결정 성장과정의 모델(기상에서의 **결정성장**의
경우).

위에 최밀표면(c)이 형성된다. 다음에는 이 최밀표면 위에 앞에서 말한 것과 같은 섬모양의 핵이 형성된다(a). 그리고 앞에서 말한 것과 같은 성장과정이 되풀이된다.

이와 같이 하여 결정이 성장하여 큰 결정이 형성되어 간다. 이와 같이 결정을 육성하기 위해서는, 기본적으로 기상으로부터의 원소의 응집속도와 기판의 온도를 매우 정밀하게 제어하므로써, 천천히 핵을 생성하거나, 핵과 충돌한 원자가 계면을 확산하여 최적위치를 선택할 수 있도록 한다. IC, LSI에 사용되는 기상법에 의한 단결정 Si 성장의 경우 20 $\mu$m의 두께로 성장시키는 데는 60분에 걸쳐서 천천히 성장시킨다. 이것이 결정육성의 포인트이다.

## 아몰퍼스롤 실현한다

한편 아몰퍼스상태는 결정과 같은 원자의 규칙성이 없는 불규칙성을 기본구조로 하기 때문에, 앞에서 말한 결정을 육성하는 조건과는 반대의 과정을 취하면 된다. 즉 핵이 형성되어 이것이 성장할 때, 원자가 최적위치를 선택하므로써 결정, 즉 장거리질서를 형성하는 것이므로, 이 장거리 질서가 형성되지 않도록 방지하면 된다. 즉 ① 응집하는 기판의 온도를 낮게 하고, ② 그 응집 잠열(숨은 열)을 빼앗고, ③결정이 되기 위한 원자의 확산을 방해하면 된다. 어렵게 썼으나, 개념적으로는 요컨대, 급랭을 한다면 이 3가지 조건을 만족하여 아몰퍼스화가 실현된다. 여기서는 기상의 경우를 설명하였으나 액상으로부터의 경우도 거의 마찬가지 과정으로 결정이 성장하며, 이것을 아몰퍼스화하기 위해서는 핵성장 속도보다도 빠르게 원료를 급랭하면 된다.

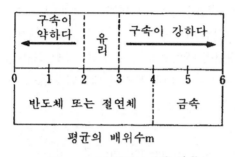

**그림 4·2** 비정질고체의 분류

## 아몰퍼스로 되는 용이성

앞에서 설명한 것과 같이 충분히 급랭하면 어떤 것이라도 원리적으로는 아몰퍼스로 될 터이나, 실제로는 아몰퍼스로 되기 쉬운 것과 매우 어려운 것이 있다.

물질의 구성인자로서 평균 배위수가 있다. 배위수란 물질을 구성하고 있는 원자의 주위에 몇 개의 원자가 배치되어 있는가를 가리키는 것으로서, 주로 그 물질을 구성하고 있는 원자의 결합수에 따라서 결정된다. 그림 4·2에 금속, 반도체, 절연체와 이것들에 있어서의 평균배위수 m과의 관계를 나타내었다. 금속은 그 평균배위수가 다른 것들에 비해 크다. 그림에는 액체상태로부터의 급랭에 의해 얻어지는 일반 유리에서 배위수의 범위를 나타내고 있다. 이 그림으로부터 알 수 있듯이 유리화, 즉 아몰퍼스화하기 쉬운 배위수는 m = 2~3 범위에 있다는 것을 가리키고 있다.

여기서 아몰퍼스반도체 분야와 아몰퍼스금속 분야의 아몰퍼스로 되기 쉬운 정도에 대한 두 가지 사고방식을 설명하겠다.

미국의 벤연구소의 필립스(Phillips) 등은 단거리결합 상호작용을 갖는 다원소($A_{x1}$ $B_{x2}$ $C_{x3}$ · · · 다만, $x_1 + x_2 + x_3$ · · · =1)에서, 각각의 원자의 최인접 배위수를 $N_{cn}(A)$, $N_{cn}B)$, $N_{cn}(C)$ · · ·라 하면, 이때의 평균 최인접 배위수 m은 m=$X_1N_{cn}(A)+X_2N_{cn}(B)+X_3N_{cn}(C)$ · · · · · ·으로 주어지며, 무질서 네트워크(network)를 생각하면, 원자당의 구속수 $N_{co}(m)$은

$$N_{co}(m)=m/2+m(m-1)/2=m^2/2$$

으로 주어진다. 지금 구속수를 공간의 3차원적 자유도로서 $N_{co}$=3이라고 하면, 가장 사정이 좋은 연결방법은 $m_c=\sqrt{6}$ = 2.45일 때에 주어진다. 그림 4·2에서 설명한 것과 같이 일반 유리의 배위수는 m=2~3의 범위에 있으며, 필립스의 이론에 잘 맞는다. 즉, 배위수 m=$m_c$(2.45)일 때 유리 형성능력이 가장 높아지고 m〉$m_c$일 때는 너무 구속되기 때문에 유리로 되기 어렵다. 즉 아몰퍼스화되기      어렵다. 한편 m〈mc의 경우는, 너무 적게 구속되기 때문에 또한 유리로 되기가 어렵다고 생각된다.

아몰퍼스 Si의 경우, Si은 4배위이며 일반적으로 아몰퍼스로 되기 어렵다. 따라서 증착법 등의 초급랭 방법의 사용과 함께, 원자배치로는 그 결합수를 자른 미결합수를 만들거나, 제5장에서 설명하는 배위수가 작은 수소(H)를 넣음으로써 평균배위수를 작게하여 아몰퍼스상태를 실현하고 있다.

아몰퍼스금속의 경우는 어떠한가? 금속은 공유결합의 손이 없고, 응집이 등방적인 경우가 많기 때문에 아몰퍼스화는 어렵다. 그래서 일반적으로 초급랭방법이 사용되고 있다. 그러나 어떤 금속에서도 이 방법으로써 아몰퍼스가 실현되는가 하면 그렇지는 않다. 지금까지 초급랭방법으로 순금속의 아몰퍼스는 얻어지지 않고 있으며, 순금속을 아

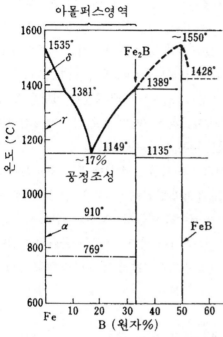

그림 **4·3** Fe-B계 합금의 평형상태도의 일부. 공정조성부근에서 아몰퍼스로 되기 쉽다(『금속Data Book』일본 금속학회편에서).

그림 **4·4** 랜덤구조의 안정화 모델. 원자반경이 작은 원자가 틈 사이에 배치되어 구조를 안정화시킨다.

몰퍼스화하기 위해서는 $10^8$℃/sec 이상의 급랭속도가 필요하다는 것이 알려져 있다. 아몰퍼스로 되기 쉬운 것은 합금이며, 특히 쉬운 것은 금속과 반금속인 인, 붕소, 탄소, 규소(Si), 게르마늄 등의 합금이다. 이 경우 금속과 반금속의 원자수의 비가 80:20 부근의 초성의 합금이 아몰퍼스로 되기 쉽다. 이 점은 합금계의 평형도에서 그림 4·3에 보였듯이 액상선이 날카로운 골짜기를 가리키는 조성 부근에 있다.

금속과 반금속의 조합이 아몰퍼스화하기 쉬운 이유의 하나로서 원자반경의 비가 크다는 것을 들 수 있다. 불규칙적인 조밀구조를 안정화하기 위해서는 그림 4·4에 보인 것과 같이 틈새에 작은 지름의 구슬을 배치하면 된다는 것으로부터 직감적으로 이해할 수 있다. 그러나 이 사고방식에서는 각종 반금속의 종류, 조합에 대해 충분한 설명을 할 수 없다. 현재로는 아몰퍼스합금의 아몰퍼스화하기 쉬운 정도의 조성의존성을 통일적으로 설명할 수 있는 이론은 아직 없다.

하나의 현상적인 사고방식으로는 합금의 점성에 관한 유리화온도(Tg)와 융점(Tm)과의 상관관계에서 판단할 수 있다. 즉 일반적으로 유리화온도 Tg와 융점 Tm의 비가 클수록 아몰퍼스화하기 쉽다. 즉 이것은 과냉각액체의 점성이 커서, 즉 곤죽이 되어 있어, 그 물질의 융점이 낮을수록 천천히 냉각하여도 아몰퍼스로 되기 쉽다는 것을 알고 있다.

## 아몰퍼스재료의 형성방법

조금 어려웠을지도 모르지만, 아몰퍼스물질을 만들기 위한 기본이 되는 이미지가 파악되었을 것이라고 생각한다. 그러면 아몰퍼스물질을 어떻게 해서 만드는가에 대해 설명하겠다.

아몰퍼스재료를 얻는 방법은 주로 아몰퍼스합금의 제조방법으로서 예로부터 행하여지고 있는 액상법과, 주로 아몰퍼스반도체의 제조방법으로 사용되고 있는 기상법의 2가지가 대표적인 방법이다. 아몰퍼스재료의 주된 형성방법과 각각의 방법에 의해 얻어지는 재료들의 예를 표 4·1에 보였다. 이하에서는 각각의 제조방법별로 설명하겠다. 독자들 중에서 응용장치를 빨리 알고 싶은 사람은 제5장으로 건너뛰어 읽어도

표 4·1 아몰퍼스물질의 제조방법과 구체적인 예

| | 제조법 | 아몰퍼스물질 | 구체적 예 |
|---|---|---|---|
| 기상법 | 진공증착 | 아몰퍼스반도체 | Si, S, Se, As$_2$S$_3$ |
| | 스퍼터링 CVD | 아몰퍼스절연체 | SiC, Al$_2$O$_3$, LiNbO$_3$, PbTiO$_3$ |
| | 플라즈마 CVD (글로우방전) | 아몰퍼스금속 | GdCo, SmCo, FeB |
| | 광;CVD 열 CVD | 아몰퍼스반도체 | Si, Ge, SiC, SiNx, SiSn |
| | | 아몰퍼스절연체 | Si$_3$N$_4$, BN, Si |
| | | 유리 | SiO$_2$, GeO$_2$-SiO$_2$ |
| 액상법 | 용액법각 | 아몰퍼스반도체 | As-Se-Te, GeSe$_2$ |
| | 액체급랭 분무법 | 아몰퍼스금속 | Fe-Si-B |
| | 회전액중방사법 | 아몰퍼스금속 | Fe-Si-B, Pd-Cu-Si |
| | 전법 | 아몰퍼스금속 | Au-Si, Cu-Ag, Sb-Ge |
| | 피스톤법 | 아몰퍼스금속 | La-Au, La-Ge, La-Al |
| | 단롤법 | 아몰퍼스금속 | Fe-Si-B, Fe-Ni-B, Fe-P-C |
| | 금속알코시드의 가수분해 | 유리 | SiO$_2$, TiO$_2$-SiO$_2$, ZrO$_2$-SiO$_2$ |
| 고상법 | 중성자선 조사 | | MgSiO$_3$ |
| | 레이저광조사 | | 메타믹트광물 |

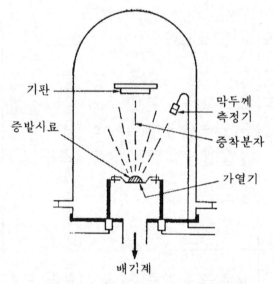

그림 4·5  진공증착장치의 개략도

좋을 것이 다.


## (1) 기상법


(1·1)진공증착법

진공증착법은 진공펌프로 배가한 진공에 가까운 상태 속에서 소스 (source)라고 부르는 고체의 증발원을 가열하여 기화시켜, 기판 위에 기화한 원자 또는 분자를 퇴적시켜 막을 형성하는 방법이다. 그림 4·5 에 그 원리를 보였다. 가열방법으로는 저항가열이 일반적이며, 고융점 금속인 텅스텐(w), 몰리브덴(Mo), 탄탈(Ta) 등의 코일 또는 도가니에 증착원물질을 넣고 대전류를 흘려서 가열한다. 저항가열로는 증착하기 어려운 고융점물질에 대해서는 보다 고온이 얻어지는 전자빔(beam)이나 레이저광으로 조사, 가열하여서 증착물질을 기화시킨다. 이 경우 증착되는 원자 또는 분자는 가열에 의해 보다 높은 에너지상태가 되며, 형성되는 막(film)은 보통 결정화하나, 기판의 온도가 막의 결정화온도보다 훨씬 낮으면 급랭되어 아몰퍼스상태로 된다. 이것은 기판 위에 퇴적된 원자 또는 분자가 규칙성을 얻기 때문에 충분한 에너지 즉 원자 또는 분자가 규칙적으로 정렬하는 에너지를 유지할 수 없기 때문이다. 이 방법은 금속박막을 형성하는데 많이 사용되는 방법이나 기판의 온도가 높으면 결정화가 일어난다. 또 복수의 원자로써 된 화합물을 진공증착하면 성분의 증기압의 차이에 의해 원료와 형성된 막의 조성이 어긋나는 경우가 종종 있다.

아몰퍼스재료 중에는 $As_2S_3$등 칼코겐화물 반도체나 아몰퍼스합금박막의 형성에 진공증착법이 사용된다. 아몰퍼스 Si도 이 방법에 의해 소스인 결정 Si을 증착하므로써 얻을 수가 있으나, 전공증착법으로 형성한 아몰퍼스 Si은 많은 미결합수(본래 결합하여야 되는 결합수에 원 자가 없는)와 구조적 비틀림을 갖고 있어, 뒤에서 설명하는 실란가스($SiH_4$)를 사용한 플라즈마 CVD법(Plasma Chemical Vapour Deposition method)으로 형성한 수소화 아몰퍼스Si(a-Si : H)과는 다른 성질을 갖는다.

(1 · 2) 스퍼터링법

스퍼터링(sputtering)이란 전기장에서 가속된 이온 등의 높은 에너지입자가, 진공증착법에서의 소스에 해당하는 고체표적(target)에 충돌하여 그 표면의 원자 또는 분자를 튀어나가게 하는 현상을 말한다. 스

78

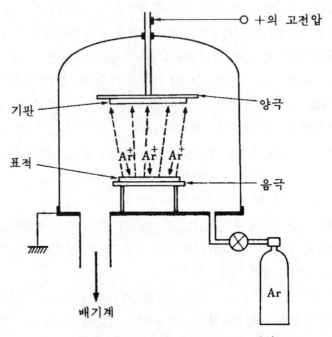

그림 4·6 직류스퍼터링장치의 개략도

퍼터링법은 이것을 이용한 것으로 그림 4·6에 보인 것과 같이, 진공증착법과 마찬가지로 진공용기 속에 보통 저압의 비활성가스(아르곤 등)를 도입하여 전기장을 걸어서 플라즈마방전을 일으키고, 먼저 기체를 고에너지화하고 그 기체이온으로 고체표적을 때려, 고체표적의 원자가 튀어 나오게 하여 기판에 퇴적시키는 방법이다. 이 방법에 의해 아몰퍼스상태의 재료가 얻어지는 이유는, 진공증착법의 항에서 설명한 것과 같이, 막형성이 이루어지는 기판의 온도가 낮으면 원자가 규칙성을 얻기 때문에 충분한 에너지가 얻어지지 않기 때문이다. 스퍼터링법은 사용하는 전기장의 종류, 이온화가스의 발생방법, 전극의 구조 등에 따라

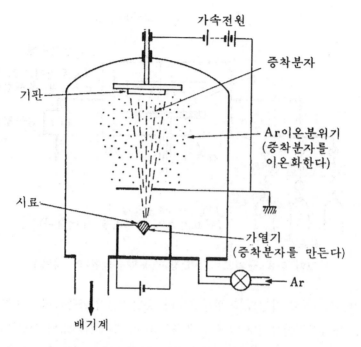

**그림 4·7** 직류 이온도금장치의 개략도

서 직류스퍼터링, 고주파스퍼터링, 반응성스퍼터링 등으로 분류된다.

이들 스퍼터링은 앞에서 말한 진공증착법과는 다르며, 에너지원으로서 플라즈마방전에 의해 만든 고에너지의 플라즈마 기체이온을 사용하여 증착원을 기화시키기 때문에, 고체증착원을 고온으로 가열할 필요가 없으므로 높은 융점의 재료에서도 막을 형성할 수가 있다.

(1·3) 이온도금법

이온도금(plating) 장치의 개략도를 그림 4·7에 보였다. 이 방법의 특징은 종래의 진공증착법과 스퍼터링법을 조합한 것이다. 기판표면은

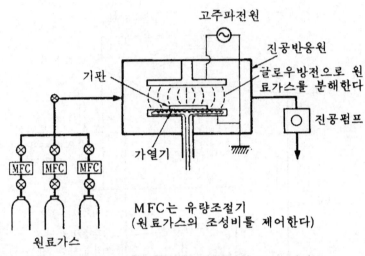

고주파전원

진공반응원

글로우방전으로 원
료가스를 분해한다

진공펌프

기판

가열기

MFC MFC MFC

원료가스

**MFC는 유량조절기**
**(원료가스의 조성비틀 제어한다)**

**그림 4·8 플라즈마CVD장치(용량결합형)의 개략도**

이온충격으로 청정화 및 활성화된다. 증발원은 진공증착법과 마찬가지
로 저항가열이나 전자빔에 의해 증발되며, 방전용 가스와 어떤 비율의
증발분자는 고전기장에 의해 이온화 및 가속되어 기판에 도달하여 막
형성이 이루어지고 있다. 이것으로부터 제작된 막의 부착력이 커지나,
막형성 중에 막 자체도 스퍼터링되기 때문에 막형성속도가 크지 못하
고 막의 질도 별로 좋지 않다는 결점이 있다.

(1·4) CVD법(Chemical Vapor Deposition 법, 화학적 기상성장법)
　　CVD법은 반도체 집적회로에서 실리콘(Si), 금속, 질화물, 산화물
등의 성장, $SiO_2$, $Si_3N_4$ 등에 의한 절연막이나 보호막의 제작방법으로
서, 또는 발광다이오드 등에 사용하는 박막결정의 제작방법으로서 발
전되어 왔다. 그런데 최근에 CVD법에 의해 제작된 아몰퍼스 실리콘

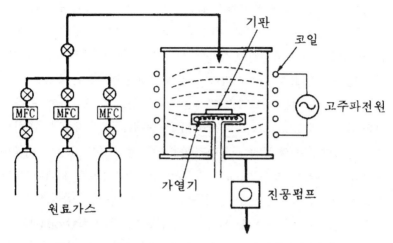

**그림 4·9** 플라즈마CVD장치(유도결합형)의 개략도

(a-Si : H)을 사용한 태양전지가 실용화되어, 아몰퍼스박막 제작방법
으로서 주목을 받고 있다.

CVD법을 분류하면 크게 ① 플라즈마 CVD법, ② 광CVD법, ③ 열
CVD법으로 나눌 수 있다.

① 플라즈마CVD법

플라즈마CVD법은 감압용기 속에서 가스류를 글로우 방전(glow
discharge)에 의해 분해하여 비평형 플라즈마를 만들고, 분해생성물
의 기상 속 또는 기판 위에서의 화학반응에 의해 고상막을 석출하는 방
법이다. 제5장에서 설명하는 아몰퍼스Si 태양전지를 비롯한 아몰퍼스
Si 장치는 거의가 이 플라즈마CVD법으로써 형성된다. 이 막형성장치
의 개략도를 그림 4 · 8에 보였다. 장치는 진공반응로, 반응로를 진공
으로 하기 위한 진공펌프계, 원료가스를 반응로에 도입하기 위한 가스

도입계, 플라즈마를 발생시키기 위한 전원 및 전극으로써 구성되어 있다. 플라즈마발생용 전원에는 직류방식과 고주파방식이었으나, 보통은 13.56MHz의 고주파전원이 사용되고 있다. 아몰퍼스박막을 퇴적시키기 위한 기판은 보통 어스쪽의 전극에 장치되며 반응로는 진공으로 배기시킨다. 다음에는 원료가스를 진공반응로 안으로 도입하여, 반응로 안의 압력을 수십m Torr~수 Torr(수Pa~수백Pa)로 유지한다. 이 상태에서 전극에 고주파 또는 직류전기장을 가해서 고주파 또는 직류글로우방전을 한다. 이 경우 가스온도가 $Tg=7 \times 10^2 K$ 정도인데 대해, 전자온도는 $Te \cong 10^4 K$로 훨씬 높기 때문에, 이 상태를 준평형 플라즈마상태라고 한다. 수소화 아몰퍼스Si의 경우, 원료가스로서 실란($SiH_4$)을 사용하며, 이것은 글로우방전의 에너지에 의해 분해되고, 기판에 수소화 아몰퍼스Si가 퇴적된다. 이때의 기판온도는 200℃ ~ 300℃ 정도로 유지된다.

이상은 용량결합형이라고 불리는 고주파 글로우방전법을 예로 보였으나, 이 밖에도 유도결합형이라고 불리는 방식이 있다. 유도결합형 막형성장치의 개략도를 그림 4·9에 보였다.

반응로는 보통 석영관으로 만들어져 있고, 그 주위에 감겨진 코일에 고주파를 가해서 반응로 안에 무전극 글로우방전이라 불리는 방전을 일으킨다. 반응로 안에 방전용 전극이 없는 것이 특징이다. 이 장치는 쉽게 만들 수 있는 반면, 양산용으로는 적합하지 않다. 플라즈마 CVD법의 최대특징은 막형성온도가 낮고, 전극을 크게 하면 대면적의 아몰퍼스박막을 쉽게 얻을 수 있다는 점이다.

② 광CVD법

광CVD법은 최근에 등장한 새로운 형식의 CVD법으로, 원료가스

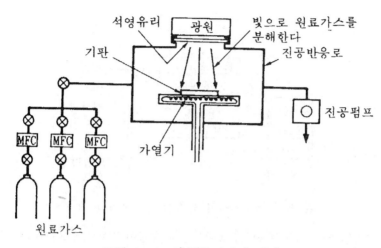

**그림 4·10** 광CVD장치의 개략도

분자를 직접 빛으로 여기하는 광유기 기상반응법과 빛을 열원으로 이용하는 기판가열법으로 분류된다. 후자는 일종의 열분해이기 때문에 여기서는 전자만을 소개하겠다. 광CVD법에 사용되는 장치는 플라즈마CVD법에서 사용되는 장치와 거의 같으나, 플라즈마를 발생시키는 전원 및 전극이 없고 대신 빛을 입사시키기 위한 석영유리로 만든 창과 광원이 있는 점이 다르다. 광CVD 장치의 개략도를 그림 4 · 10에 보였다.

원료가스는 가스도입계로부터 진공반응로에 도입되고, 반응로 속의 압력은 수십m Torr~수십 Torr(수 Pa~수천 Pa)로 유지된다. 이 상태에서 빛을 조사하여 원료분자를 여기, 분해하여 기판 위에 퇴적시켜서 아몰퍼스박막이 얻어진다. 이때의 원료가스 분해용의 광원으로는 에너지가 큰 자외선이나 레이저가 사용된다. 광CVD법에는 플라즈마 CVD법과 같은 전자나 이온에 의한 악영향이 없기 때문에, 우수한 계면특성과 고품질의 막이 얻어질 뿐만 아니라, 빛의 에너지강도를 높이

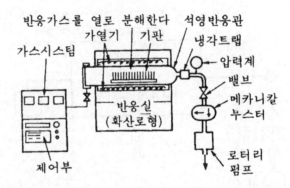

**그림 4·11** Hot－wall형 감압CVD장치의 개략도

면 높일 수록 막형성속도가 높아지는 가능성이 있는 등의 이점이 있다. 그러나 빛을 조사하기 위한 석영유리장에도 막이 부착되어, 차츰 빛이 통과하기 어렵게 되는 등 앞으로 해결하지 않으면 안될 문제도 있다.

③ 열CVD법

열CVD법은 원료가스의 분해를 앞에서 말한 플라즈마나 빛 대신 열로써 하는 방법이다. 열CVD법에는 대기압 중에서 막을 형성하는 상압CVD법과, 보다 낮은 압력에서 막을 형성하는 감압CVD법이 있다. 종래 반도체 제조공정에서는 상압CVD법이 사용되었으나, 막의 품질 개량을 목적으로 감압CVD법이 고안되어, 현재는 감압CVD법이 널리 사용되게 되었다. 감압CVD법의 장치개략도를 그림 4·11에 보였다. 기본적으로는 원료가스를 고온으로 가열한 기판 위에 균일하게 넣어보내어, 기판 위에서 분해, 환원, 산화, 중합 등의 화학반응을 일으켜서 박막을 만드는 방법이다.

원료가스를 열로 분해하기 때문에 필연적으로 고온으로 해야만 되

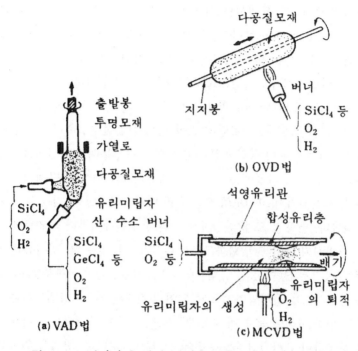

**그림 4·12** 기상법에 의한 광섬유재료의 대표적 제조법. 광
섬유는 굴절률이 높은 중심부(core)가 저굴절률의 주
변부(clad)에 동심적으로 둘러싸인 구조로 되어 있다.

고, 기판의 재질에 제한이 있는 점과, 온도가 너무 높으면 얻어진 막이
다결정으로 되기 때문에 주의를 해야 한다. 이상, 기상법에 대해 설명
하였으나 현재 주로 사용되고 있는 것은 플라즈마CVD법이며, 이 방법
으로써 얻어진 수소화 아몰퍼스Si은 이미 태양전지, 광센서, 박막트랜
지스터 등에 사용되고 있다.

(1·5) 기상법에 의한 광섬유용 재료 제작의 예
  앞의 항까지는 기상으로부터 아몰퍼스박막을 얻는 방법에 대해 소

개해 왔으나, 이 항에서는 최근에 주목을 모으고 있는 아몰퍼스재료
인 광섬유(fiber)용 유리를 기상으로부터의 제작방법에 관하여 소개
하겠다. 대표적인 제조법은 ① 기상축증착법(VAD법), ② 외부증착법
(OVD법), ③ 내부증착법(MCVD법) 등 3가지가 있다.

①의 VAD법(Vapor Phase Axial Deposition)의 모식도를 그림
4 · 12(a)에 보였다. 원료인 가스상 염화물이 산수소버너에 도입되어,
산수소버너 속에서 생긴 물($H_2O$)에 의해 가수분해되어 산화물의 유리
미립자로 된다. 다음에는 이것을 석영유리막대 등의 출발재의 단면에
부착, 퇴적시켜서 고밀도의 작은 유리 미립자의 집합체(다공질 모재)를
형성한다. 다공질 모재의 성장에 따라서 상단에서부터 가열로에 차례
로 삽입시켜 용융 투명화하므로써 투명모재를 얻는다. 광섬유는 빛이
전파하는 굴절률이 높은 중심부(core)가 저굴절률의 피복부(clad)에 의
해 동심적으로 둘러싸인 구조로 되어 있기 때문에, 이 방법에서는 코어
부를 왼쪽 아래에 붙은 버너로 제조하고, 피복부는 코어부에 다른 버너
를 사용하여 유리미립자를 측면에서부터 퇴적시키는 방법을 취하고 있
다. VAD법은 뒤에서 설명하는 다른 제법과 비교하여, 모재를 긴 쪽 방
향으로 연속적으로 성장시킬 수 있다는 특징을 지니며 양산성(많이 만
들 수 있는 성질)이 우수하다.

②의 OVD법(Outside Vapor Phase Deposition)의 개략도를 그림
4 · 12(b)에 보였다. VAD법과 마찬가지로 산수소버너로부터 불어내는
유리미립자를 가로방향으로 이동하며 회전하는 지지막대에 부착, 퇴
적시켜서 다공질 모재를 얻는 방법이다. 이 방법의 경우, 굴절률을 바
꿀 때에는 원료가스의 조성을 변화시켜야 한다. 제조된 다공질 모재는
VAD법과 마찬가지로 고온로 속으로 서서히 넣어 보내져서 용해, 투명
화된다.

③의 MCVD(Modified Chemical Vapor Phase Deposition)법의 유리합성부를 그림 4·12(c)에 보였다. 유리막의 퇴적은, 석영유리관의 한 끝으로부터 $O_2$와 함께 넣어보낸 원료가, 관의 바깥쪽 산수소불꽃에 의해 가열되어 산화물로 되고, 그것이 관내 벽면에 부착, 용해되므로써 투명유리가 얻어진다. 이 방법도 굴절률을 바꿀 때는 OVD법과 마찬가지로 원료의 조성을 변화시켜서 유리퇴적막을 제조해야 된다.

## (2) 액상법(액체급랭법)

액상법의 원리는?

아몰퍼스재료를 얻기 위한 방법으로서 액체를 급속히 냉각하는 방법이 있다. 이것은 간단히 말하면 합금의 용융물(온도를 가해서 곤죽으로 녹인 것)을 초급랭하므로써, 원자가 규칙바르게 배열된 결정상태로 되기 위한, 말하자면 틈을 주지 않고 아몰퍼스상태로 유도하는 방법이다. 칼코겐화물 아몰퍼스반도체나 아몰퍼스합금이 이 방법으로써 형성된다.

앞에서 설명하였듯이 결정성장속도는 고체-액체의 계면에서의 원자의 이동용이도에 크게 좌우된다. 일반적으로 순금속은 원자가 너무나 자유롭게 이동할 수 있기 때문에 ~$10^5$ ℃/sec정도의 냉각속도로도 결정화된다. 따라서 유리의 경우와 마찬가지 생각으로 금속원자의 움직임을 억제할 수 있는 원자반경이 크게 다른 원소를 첨가하여 합금화하거나, Si, O, B 등의 반금속원소와의 합금으로 하여 아몰퍼스화하기 쉽게 하고 있다.

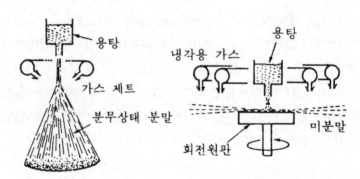

**(a)** 비활성가스분무법          **(b)** 원심분무법

**그림 4·13**  분무법(atomization) 장치의 개략도.   아몰퍼스
금속의 분말이 얻어진다.

액체급랭법에는 어떤 방법이 있는가?

지금까지 여러 가지 방법이 제안되어 왔으나, 기본은 원재료를 고온
으로 하여 녹인 상태로부터 급랭하는 방법이다. 급랭하는 방법으로 원
료를

(1) 기체에 접촉시켜 급랭한다.

(2) 액체에 접촉시켜 급랭한다.

(3) 고체에 접촉시켜 급랭한다.

는 방법이 있다. 냉각속도로는 기체→액체→고체의 순서로 커진다. 아
몰퍼스화하기 어려운 합금재료가 이들 액체급랭법에 의해 제조된다.

(2·1) 기체에 접촉시켜 급랭하는 방법

기체에 접촉시켜 급랭하는 방법으로서 기체급랭법을 먼저 설명하
겠다.

이 방법에 의해 얻어지는 대표적인 예는, 아몰퍼스 재료로서 우리에
게 가장 친근하다고 생각되는 보통의 규산염유리이다. 이것은 규산염

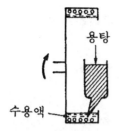

**그림 4·14** 회전 액중방사법 아몰퍼스 합금 세선(150μm φ)가 얻어진다.

유리의 원료를 고온에서 녹여 자연적으로 냉각시키는 방법으로, 용액을 10 ℃/sec 이하의 느린 냉각속도로 냉각한다. 보통 규산염유리는

「아몰퍼스로 되는 용이성」의 절에서 설명한 것과 같이 구성하는 원소의 배위수가 2~3 사이에 있으며, 또 유리화온도(Tg)와 융점(Tm)의 비가 큰, 즉 용액의 점도가 크기 때문에, 이와 같이 천천히 자연냉각을 시켜도 유리, 즉 아몰퍼스상태가 얻어진다.

이 밖에 기체급랭법으로는 아토마이제이션(atomization: 분무)법을 들 수 있다.

이 방법은 금속분말을 만드는 방법으로서 오래 전부터 사용되고 있는 방법을 아몰퍼스재료의 제조에 응용한 것이다. 그림 4·13에 개략도를 보였다. (a)는 위쪽에 있는 가마에서 낙하시킨 용융합금을 가스제트(gasjet)로 분산시키는 방법, (b)는 용융합금을 회전하는 원판 위에 뿜어서 분산시키는 방법이다. 어느 쪽도 아몰퍼스 합금분말을 얻는데 적합하다.

(2·2) 액체에 접촉시켜 급랭하는 방법

액체에 의해 재료를 고온으로부터 급랭시키는 방법으로서 예로부터 사용되어 잘 알려져 있는 것은 「담금질(quench)」이다. 가마 속에서 빨갛게 달궈진 철을 물 속에 담그므로써 급랭하여 칼, 도끼 또는 농

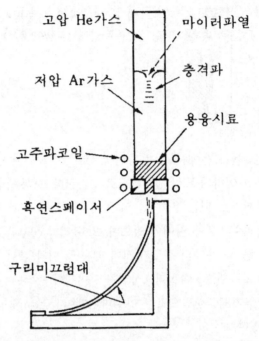

고압 He가스

마이러파열

저압 Ar가스

충격파

용융시료

고주파코일

흑연스페이서

구리미끄럼대

**그림 4·15** 건법 장치도. 마일러(Myler)가 파열할 때 발생하는 충격파로 용융시료를 불어내어 구리 미끄럼대에 부딪치게 급랭용고시킨다.

기구를 만드는 기술은 오랜 세월에 걸쳐 사용되어 온 철가공의 기본적 기술이다. 물론 이 상태의 철은 결정이나, 이 방법을 발전시키면 아몰퍼스 제조법으로도 된다. 그 대표적인 예로서 회전액중방사법을 들 수 있다.

이 방법은 그림 4·14에 보인 것과 같이 원리적으로는 고속으로 회전하는 냉각능력이 높은 액(주로 수용액) 속에 용융시킨 합금을 원형노즐(nozzle)로부터 분출시켜 급랭 응고하는 방법으로서, 드럼의 안쪽에

깊이 수cm의 물층을 만들어, 수류의 방향에 따라서 노즐로부터 용액을 분출시킨다. 분출방법을 개량하므로써 단면이 둥근 선 모양의 것(망선)을 얻을 수 있게 되었다. 현재 이 방법에서는 $10^4 \sim 10^5$ ℃/sec의 냉각속도가 얻어지고 있다. 이 냉각속도는 금속의 열전도를 이용하는 방법(뒤에서 설명하는 고체에 의한 급랭법)에는 미치지 못하나 $Fe_{75}Si_{10}B_{15}$, $Pd_{78}Cu_6Si_{16}$ 합금과 Co, Ni계 합금에서도 지름 약 $150\,\mu m$ 정도의 아몰퍼스합금의 가느다란 선이 얻어지고 있다.

(2 · 3) 고체에 접촉시켜 급랭하는 방법

이 방법이 1960년대에 싹이 트기 시작하여 아몰퍼스합금리본의 제조장치가 개발된 것이, 현재의 아몰퍼스합금의 연구, 발전에 큰 공헌을 하였다고 하여도 과언이 아니다. 이 방법은 건(gun)법에서 시작되어 원심법, 쌍롤 〔roll)법, 단롤법 등으로 연달아 개발되어 아몰퍼스합금의 양산방법으로서 가장 유망시되고 있다.

① 건법

먼저, 아몰퍼스합금의 분야에서 가장 오래 전부터 사용되고 있는 건(gun)법을 소개하겠다. 이 방법은 1960년 듀웨이(Duwez)가 고안한 방법으로서 그림 4 · 15에 그 장치를 보였다. 장치 상부에 설치된 용해로에 합금재료, 예를 들면 구리-은을 넣고 고주파로 가열한다. 금속이 녹았을 때 위로부터 비활성가스(예로 들면 헬륨가스)를 세차게 용광로에 뿜어 넣으면, 용융금속이 용해로 하부의 틈새(slit)로부터 뿜어져 나온다. 분출된 용융금속은 아래쪽의 구리로 만들어진 미끄럼대에 세게 던져져서 급랭, 응고하여 아몰퍼스합금이 된다. 즉 그 이름대로 권총의 탄환처럼, 녹은 금속이 분출되는 것이다. 이 방법의 냉각속도는 $10^7 \sim 10^8$ ℃/sec에까지 이르며, 그 속도는 현재도 가장 빠른 축에 속하

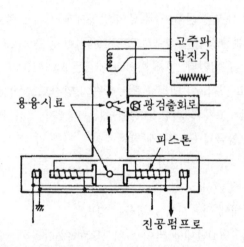

**그림 4·16** 피스톤법 장치도. 용융된 금속을 낙하시켜 피스톤으로 끼운다.

며 실험실 규모에서는 지금도 이 방법이 사용되고 있다. 이 방법으로 듀웨이 등은 Cu-Ag, Sd-Ge의 완전고용체와 $Au_{70}Si_{30}$을 만들었다. 이 $Au_{70}Si_{30}$합금은 세계 최초의 아몰퍼스합금의 제조 예이다. 건법은 냉각속도가 매우 빠르기 때문에, 아몰퍼스화하기 어려운 합금에 대해 지금도 유력한 수단이 되고 있으나, 만들어진 합금의 두께, 크기가 불균일하기 때문에 균일한 시료가 얻어지기 어려운 결점이 있다.

② 피스톤법

건법과 매우 비슷한 방법으로 그림 4·16에 보인 것과 같은 피스톤(piston)법이 있다.

이것은 용융된 금속을 낙하시켜 아래쪽에 위치한 피스톤 사이에 끼워서 흡열부(heat sink)로 냉각하는 방법이다. 이 방법은 그림으로부터도 알 수 있듯이 진공 중에서 이루어지는 작업이므로 산화되기 쉬운 시료의 제조에 유효하다. 얻어지는 합금으로서는 희토류금속 La을 기초

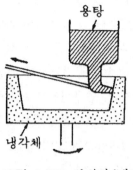

**그림 4·17** 원심법(세로형) 장치도

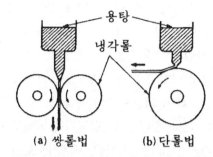

(a) 쌍롤법　　(b) 단롤법

**그림 4·18** 롤법 장치도. 용융시킨 금속을 고속회전하는 롤에 접촉시켜 급랭응고시킨다.

로 하는 초전도 아몰퍼스합금의 예가 있다. 피스톤법에는 그림에서와 같이 한 쌍의 피스톤이 동시에 작동하는 쌍피스톤법과, 한쪽을 고정한 피스톤모루(anvil)법 등이 있다. 이 방법의 냉각속도는 건법 다음으로 빠르다고 한다.

③ 원심급랭법

1960년에 듀웨이들에 의해 처음으로 아몰퍼스합의 제조 예가 보고되었으나, 당시에 얻어진 시료는 극히 소량이었기 때문에 실용적 관점에서는 별로 주목을 받지 못했다. 그러나 1969년에 폰드(Pond)들에 의해 원심급랭법이 발명되어, 이 방법에 의해 처음으로 아몰퍼스합금 리본이 다량으로 얻어지게 되어, 이 때부터 아몰퍼스합금의 연구가 두드러지게 활발하게 되었다. 이 방법은 그림 4·17에 보인 것과 같이 회전하는 원통의 안쪽에다 녹인 금속을 분무하는 방법이다.

④ 롤법

다음에는 아몰퍼스합금의 연속형성법으로서 공업적으로 가장 유력시되고 있는 단롤(roll)법과 쌍롤법에 대해 설명하겠다. 그림 4·18

에 각각의 개략도를 보였다. 먼저 단롤법은 합금재료를 위쪽에 위치하는 가마 안에서 열로 녹이고, 가마 안에 아르곤가스를 도입하여 가압상태로 하여 석영 또는 알루미나계의 노즐로부터 분출시킨다. 이 녹은상태의 합금재료는 고속으로 회전하고 있는 금속롤에 접촉하여 급랭, 응고하여 리본모양의 아몰퍼스합금이 얻어진다. 연구실용으로서 폭 1~2mm의 아몰퍼스합금이 얻어지고 있다. 참고로 현재 일본에서는 최대폭 150mm 의 것이, 세계적으로는 폭 50~100mm의 것이 양산, 시판되고 있다. 이와 같이 단롤법은 다른 방법에 비해 폭넓은 아 몰 퍼 스 합금 리본을 대량으로 제조하는데 적합하나, 그림 4 · 18(b)로부터도 알 수 있듯이 한쪽 면만의 냉각이기 때문에 만들어진 리본의 표면의 거치름이나 치수의 정밀도에 문제가 있다.

다음은 쌍롤법에 대한 설명을 계속하겠다. 이 방법은 그림 4 · 18(a)에 보인 것과 같이 고속으로 회전하고 있는 한 쌍의 회전롤 사이에 녹인 금속을 통과시켜서 냉각하는 방법이다. 원리적으로는 단롤법과 같으나 얻어지는 시료의 두께가 일정하다. 시료의 표면이 평탄하고 냉각속도가 단롤법의 2배나 되는 점에서부터 적당한 분출노즐을 선택하면, 작은 합금재료(특히 세라믹스)라도 좋은 리본을 제조할 수 있다. 이 방법은 리본화에 필요한 시간이 짧기 때문에 단롤법보다 내부스트레인이 작은 아몰퍼스합금을 만들 수가 있는 등의 장점을 지니고 있다. 그렇지만 양산성 등을 고려할 경우 회전롤면의 손상이 심하고 장치의 조정, 보수에 문제가 있다.

이들 단 및 쌍롤법에서 문제가 되는 점은, 용융도가니의 재질, 노즐부의 정밀도, 분출압력, 회전롤면의 홈, 회전롤의 냉각방법, 만들어진 합금리본을 말아서 감는(winding)방법 등이 있으나, 아몰퍼스합금리본을 얻기 위한 양산성이라는 면에서는 다른 방법보다 월등하게 우수하기 때문에, 앞으로의 장치의 개량, 발달이 요망되고 있다.


## (3) 그 밖의 방법

지금까지 설명한 방법 이외에 아몰퍼스합금을 만드는 방법으로서 오래 전부터 알려져 있는 도금법이 있다. 도금법에는 전착도금과 화학도금의 두 종류가 있으며, 니켈(Ni)이나 코발트(Co) 등의 금속에 일정량 이상의 인(p) 또는 붕소(B)가 함유되도록 제조하면 아몰퍼스합금이 얻어진다. 전해액의 종류에 제약이 있기 때문에 제조 가능한 합금계가 적고, 재현성이 결핍되는 등의 결점이 있으나, 대면적의 재료를 값싸게 제조할 수 있다는 점에서 매력이 있다. 도금공정에 관해서는 석출 때에 혼입하는 P 또는 B를 일정량 이상으로 하기 위해 전해액의 조성을 조절하는 것 이외에는 보통의 도금 공정과 다르지 않기 때문에 여기서는 생략한다.

또 화학적 방법으로서 금속알콕시드(metal alkoxide)의 가수분해, 축합반응에 의해 비정질 구조의 겔(gel)을 만들어, 그 겔을 가열하여 아몰퍼스재료인 산화물유리를 제조하는 방법이 있다. 금속알콕시드란 금속원자 M이 산소(O)를 매개체로 하여 유기물(특히 지방족 R)과 결합한 물질로서, 일반식 $M(OR)_n$으로써 나타내어진다. $M(OR)_n$은 가수분해(1), 탈수축합(2)에 의해 M-O-M결합을 갖는 화합물이 된다.

$$M-O-R+H_2O \rightarrow M-O-H+ROH \cdots \cdots (1)$$

$$M-O-H+M-O-H \rightarrow M-O-M+H_2O \cdots (2)$$

더욱 반응을 진행시키면 중합하여 투명한 겔이 되며, 이 겔에 대응하는 유리의 유리 전이점온도 부근까지 가열하므로써 산화물유리가 얻어진다. 이 방법은 ① 고순도화가 가능하다. ② 새로운 조성의 유리가 얻어진다. ③ 균질성이 높다는 등의 이점을 갖고 있다.

이 밖에 표면만의 아몰퍼스화를 실현하는 수단으로서 ① 결정고체에 이온을 주입하거나 중성자선을 조사하거나 하므로써, 격자를 파괴하여 아몰퍼스상태를 형성하는 방법, ②결정 표면에 레이저광을 조사하여 표면만을 순간적으로 가열하여 냉각하는 표면급랭법 등이 있으나, 덩어리재료를 얻는다는 의미에서는 별로 쓸모가 없다. 여러 가지 아몰퍼스물질을 형성하는 방법을 설명하여 왔으나, 포인트는 어떻게 급랭하느냐는 점에 있다. 일반적으로 결정물질이 어떻게 "천천히" 형성되어 원자를 "깨끗하게", 즉 규칙바르게 배열하느냐는 점을 중요시하고 있는데 대해, 아몰퍼스물질을 어떻게 "급랭하여 균일화된 아몰퍼스상태"를 만드느냐에 포인트가 있다는 것을 알았을 것이라고 생각한다.

# 제 5 장
## 주목을 모으는
## 아몰퍼스 반도체

아몰퍼스물질에는 앞에서 말했듯이 절연체, 반도체, 금속 등이 있다. 먼저 아몰퍼스물질로 최근에 가장 주목을 모으고 있는 아몰퍼스반도체에 관해 설명하겠다. 독자들이 「반도체」라는 용어에 익숙하지 않으면 안되므로 반도체에 관해서 약간 설명하겠다.

반도체란, 전자의 운동에 의한 전기전도성을 갖는 고체 중 절대0도, 즉 −273℃에서는 전도성을 나타내지 않으나, 그보다 높은 온도에서는 내부에 전도전자가 열적으로 발생하기 때문에 상당한 전도성을 나타내는 것을 말한다. 명확한 한계는 없으나 실제적으로는 전기전도도 $\sigma$가 실온에서 $10^3 \sim 10^{-6}$ ohm$^{-1}$ · cm$^{-1}$ 정도의 것을 말한다. 일반금속, 예를 들면 구리의 경우, 그 전기전도도

$10^6$ ohm$^{-1}$ · cm$^{-1}$이다. 한편 절연체는 보통 $10^{-12} \sim 10^{-15}$ ohm$^{-1}$ · cm$^{-1}$ 정도를 나타낸다.

또하나의 반도체의 특징은 전기전도도 ($\sigma$)의 온도계수이다. 금속의 전도도가 온도가 내려감에 따라 증대하는 것에 반해 반도체의 $\sigma$는 적어도 지나치게 고온에 이르지 않는 한은 온도의 상승에 따라 전기전도는 증대한다. 즉 전기저항은 온도의 상승에 따라 감소한다. 일반적으로 $\sigma$는 $\sigma \propto \exp\left[-\Delta E/kT\right]$ 의 식에 따른다. 여기서 $\Delta E$는 활성화에너지이다. 이 식으로부터 일반적으로 반도체물질은 온도가 높아지면 전기저항이 감소하기 때문에 마이너스의 온도계수를 갖는다고 한다. 또 이 전도성이 생기는 원인에 따라서 (a) 진성 반도체(intrinsic semiconductor), (b) n형 반도체 및, (c) p형 반도체의 3종류로 구별된다. n형 반도체에서 전류는 전자에 의해 운반되며, p형 반도체에서는 전자의 허물인 ⊕의 전하를 갖는 정공(positive hole)에 의해 운반된다. 진성반도체에서는 전자와 정공은 같은 수이며, 전류는 이 둘에 의해 수송된다. 결정질 진성반도체, 예를 들면 결정 Si에 p형 불순물(예를 들면

붕소 B)을 첨가하면 p형으로, Si에 n형 불순물(예를 들면 인 P)을 첨가
하면 n형 Si을 얻을 수가 있다.

　이상 설명한 전기 저항의 범위에서, 또한 마이너스의 온도계수를 갖
는 물질로 "결정상태"가 아니고 "아몰퍼스 상태"의 물질을 「아몰퍼
스반도체」라고 부른다. 이 아몰퍼스반도체는 앞에서 설명했듯이 크게
나눠서 ①칼코겐화물계와 ②테트라헤드랄계의 두 종류, 그 밖에 산화
물이 있다. 이들 이름의 유래는 다음과 같다. 칼코겐화물계가 주기율표
에 나오는 2배위의 칼코겐원소, 황(S), 셀렌(Se), 텔루르(Te)를 주성분
으로 하여, 이들에 다른 원소(비소, 게르마늄 등)가 첨가된 화합물에 의
해 주로 이루어진 것이며, 테트라헤드랄계는 테트라헤드랄결합(테트라
는 4를 의미한다), 즉 4배위 결합에 의해 생긴 물질로서 그 대표적인 예
로는 아몰퍼스 Si, 아몰퍼스Ge 등이 있다. 형성법도 두 물질에서는 약
간 다르며, 전자는 앞 장에서 설명한 액상동결법이라고 부르는 원료 원
소를 용융한 후 온도를 내려서 고화시키는 방법으로도 아몰퍼스로 되
나, 후자는 증착이나 스퍼터링, CVD법 등의 기상동결법에 의해 형성
된다.


## 칼코겐화물 아몰퍼스반도체

　이 책의 첫 부분에서 이미 칼코겐화물 반도체에 대해 설명하였으나,
최초로 공업적인 전자장치 재료로서 사용된 "아몰퍼스물질"은 1950년
복사기에 사용되었던 아몰퍼스 셀렌이다. 그 후 학문적인 연구는 "아몰
퍼스란 무엇인가?"에서 설명한 것과 같이, 소련의 물리학자 이오페(A.
F. Ioffe)와 코로미에츠(B. T. Kolomiets) 등에 의해 연구되어 아몰퍼스

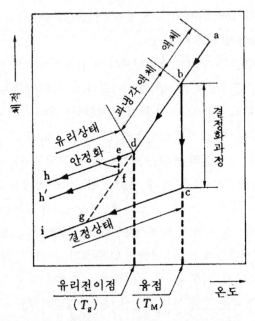

그림 5·1 물질의 변화상태의 개념도. 보통 물질은 a→b→ c→d→i에 따라 변화하나, b점에서의 점도가 크면 b→ d→e→h에 따라 변화하여 유리상태로 된다.

물질이 장거리질서는 없으나 단거리질서가 있다는 것이 밝혀졌다.

　당시 소련에서는, 열전소자(소자을 가열하면 전기가 발생한다)의 연구가 활발하여, 열전소자 재료로서 금속의 칼코겐화물이 좋다는 것을 알고 있어서 여러 가지로 조합시킨 재료가 연구되고 있었다. 그 중에서 결정이 되지 않고 아몰퍼스 상태가 되는 영역이 있다는 것을 알고, 정력적인 연구가 진행되었으나 아몰퍼스 상태에서도 결정에서의 진성반도체와 같은 성질 밖에 나타내지 않아 열전소자 재료로는 이용할 수가 없었다. 나중에 설명하는 근대적 전자장치 재료로서 필수 불가결한 p형, n형의 반도체를 만들 수가 없었다. 그러나 최근에 칼코겐화

**표 5·1 칼코겐화물 반도체의 종류**

| 2성분계 | 3성분계 | 4성분계 |
|---|---|---|
| S-Se, S-Te | S-Se-Te | Ge-Si-As-Te |
| Se-Te, As-S | As-S-Se | Ge-Sb-S-Te |
| As-Se, As-Te | As-S-Te | Ga-Ge-As-Te |
| Ge-S, Ge-Se | As-Se-Te | Tl-As-Se-Te |
| Ge-Te, Si-Te | As-Sb-S | Ge-As-S-Te |
| | As-Sb-Se | |
| | As-Bi-S | |

물 반도체의 광학소자(화상축적기술, 기록매체)로서의 장래성이 주목을 받고 있으며 그 광물성에 대한 연구가 진행되고 있다.

그러면 여기서 칼코겐화물 반도체에 대해 좀더 자세히 살펴보기로 하자. 칼코겐화물 아몰퍼스반도체는 유리모양의 물질이며, 다른 이름으로 칼코겐화물 유리라고도 불리고 있다. 유리는 앞 절에서도 설명한 것과 같이 아몰퍼스물질의 일종이다. 여기서 물질이 유리상태로 되는 변화에 대해서 생각해 보자.

그림 5·1은 물질의 상태변화를 나타낸 것으로 a에서 부터 b(융점, $T_M$)까지이며 물질은 액체상태로 있다. 여기서 물질을 a로부터 b로 천천히 냉각시켜가면 보통의 물질에서는 b점에서 결정고체로 되며, b→c의 불연속적인 체적수축이 생긴다. 그러나 b점 근처에서 액체의 점도(액채가 흐를 때에 받는 저항을 나타내는 단위)가 충분히 큰 물질 등에서는 b점에 도달하여도 결정화가 일어나지 않고 과냉각 액체가 되어 a→b→d를 따라서 체적이 연속적으로 감소한다. 그리고 유리전이점

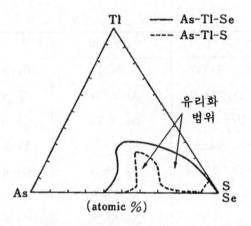

**그림 5·2  3성분 칼코겐화물 유리의 유리화 조성범위의 한 예〔누보시다(布下正宏) 『아몰퍼스  전자재료 이용기술집성』에서〕**

Tg(d점)에 접근하면 점도가 급격히 커져서 고화(solidification)하고, 더욱 냉각시켜 가면 d→h를 따라서 체적이 수축한다. 이 상태가 유리상태이며 d점 이하에서는 매우 안정한 고체이다. 그리고 이 유리상태는 e→f로 이행함으로써 더욱 안정화된 고체가 된다.

칼코겐화물 반도체는 원소 주기율표에서 산소와 같은 Ⅵ족에 속하는 S(황), Se(셀렌), Te(텔루르)의 칼코겐 원소라고 부르는 3개의 원소와 그 화합물로써 이루어지는 비산화물계 유리의 총칭이다. 칼코겐화물 반도체는 구성 원소에 따라 2성분계, 3성분계 및 4성분계가 있다. 표 5·1에 칼코겐화물 반도체의 종류를 보였다. S, Se, Te 이외의 성분 원소로서 As, Sb, Tl 등의 금속원소나 I, Br, Cl의 할로겐원소 등이 첨가되어, 다종 다양한 유리구조와 물리적 화학적 성질을 갖는 칼코겐화물 반도체가 형성된다. 여기서 주의해야 될 것은 칼코겐 원소와 그 밖의 원소의 조성비가 어떤 범위 내에 들어 있지 않으면 그 혼합물이 유

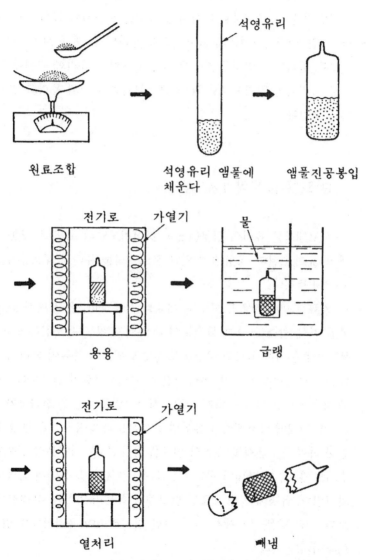

**그림 5·3** 용융법에 의한 칼코겐화물 유리의 제조공정

리화되지 않는다는 점이다. 여기서 칼코겐화물 반도체 유리의 유리화 초성범위를 깁스(Gibbs)의 삼각형 그림을 사용하여 그림 5·2에 보였다. 그림 5·2는 3성분계 칼코겐화물 유리의 한 예를 보인 것으로, 실선으로 둘러싸인 영역은 As-Tl-S 칼코겐화물 유리화 범위이고, 점선으로 둘러싸인 영역은 As-Tl-S 칼코겐화물 유리의 유리화 범위를 나타낸 것이다.

## 칼코겐화물 유리의 제조법

칼코겐화물 유리의 잉곳(ingot, 덩어리모양의 고체)은 보통 용융법에 의해 제조된다. 용융법에 의한 칼코겐화물 유리의 제조공정을 그림 5·3에 보였다.

원료는 99.999%의 고순도 재료를 사용하며, 유리 앰풀(ampoule) 봉입 때에 산소나 다른 불순물이 혼입되지 않도록 조심해야 한다. 앰풀 속에 봉입한 원료의 용융온도는 혼합원소의 종류에 따라서 다르나 대충 800~1000 ℃이며, 용융시간은 6시간 이상이 필요하다. 이 때문에 용융에는 고주파 유도가열로나 저항가열로와 같은 전기보가 사용된다. 표 5·2에 칼코겐화물 유리의 용융온도와 용융시간을 보였다. 이와 같이 하여 칼코겐화물 유리의 원료를 용융한 후, 석영유리 앰풀을 즉시 전기로에서부터 빼내어 공기 속, 물 속, 얼음물 속 등에서 급랭하여 고화시킨다. 급랭에 의해 제조된 칼코겐화물 유리 잉곳은, 유리전이점 Tg 보다 약간 낮은 온도에서 다시 한번 열처리하여 유리상태의 안정화가 이루어지게 한다.

칼코겐화물 유리 반도체를 제6장에서 설명하는 스위치소자나 기억

표 5·2 칼코겐화물 유리의 용융온도와 용융시간

| 유리성분 | 용융온도 (℃) | 용융시간 (Hour) |
|---|---|---|
| As-S | 800~900 | 15 |
| As-Se | 800 | 24 |
| As-S-Se | 570 | 3 ~ 4 |
| As-Te | 1000 | 6 |
| Ge-S | 800~1000 | 5 ~10 |
| Ge-As-S | 850 | 24 |
| Ge-As-Se | 900 | 15 |
| Ge-As-Te | 1000 | 16~24 |

소자, 광학소자에 응용하는 경우, 칼코겐화물 유리를 박막화할 필요가 있다. 칼코겐화물 유리의 박막형성법으로는, 앞 절에서 설명한 것과 같은 ① 진공 증착법(전자빔 증착법), ② 스퍼터링법 등이 있다. 이와 같은 박막형성법은 기상→고상의 과정에서 생성되므로 매우 빠른 급랭속도가 얻어지고, 보통의 용융법에서는 유리화하기 어려운 상태의 물질에서도 아몰퍼스박막을 제조할 수가 있다. 다른 증기압을 갖는 다성분원소로써 이루어질 경우는 거의 모든 물질에서 증착막의 조성과 증착원인 잉곳의 조성이 꽤 달라진 것이 된다. 진공 증착법에서의 이와 같은 조성의 차이를 비교적 작게 하는 방법으로서 순간(flash) 증착법이 있다.

## 칼코겐화물 유리의 특징

칼코겐화물 유리의 특징으로는 다음과 같은 것들을 들 수 있다.

• 박막화가 쉽다.

칼코겐화물 유리는 증착이나 스퍼터링에 의해 박막화를 하여도 그 물리상수가 크게 변화하지는 않는다. 또 얻어진 박막은 열처리를 하여도 균열이나 박리가 일어나기 어려운 특징을 갖는다.

• 가공성이 풍부하다.

칼코겐화물 유리는 온도폭을 가진 물엿 상태의 연화(단단한 것이 부드럽고 무르게 됨. 또는 그렇게 함.) 온도를 갖기 때문에 유리세공과 마찬가지로 벌크(bulk: 큰 규모[양])로부터 직접 기계가공에 의한 롤압연이나 다이캐스팅(die casting, 틀 주조) 성형이 가능하다.

• 적외선에 대한 투과성이 좋다.

대부분의 칼코겐화물 유리는 적외선 투과성이 좋고 오래 전부터 적외선 투과재료로 사용되어 왔다. 적외선 영역의 빛을 투과하는 재료로서는 단결정, 호트프레스(hot press)한 다결정, CVD 법으로 만들어지는 결정 등 많은 재료가 있으나, 이들 재료와 비교하여 칼코겐화물 유리가 우수한 점은, 큰 것이나 복잡한 형태의 것이라도 임의의 형상으로 만들 수 있다는 점과 광학적 특성을 어느 정도 자유롭게 선택할 수 있다는 점을 들 수 있다.

• 연화점이 낮다.

일반 산화물 유리에 비해 칼코겐화물 유리는 연화점이 낮다.

• 금속과의 젖음성이 좋다.

칼코겐화물 유리는 금속과의 젖음성이 좋고 내수성이 높다. 또 일반적으로 산에 대해 강하고 알칼리에 대해서는 약하다.

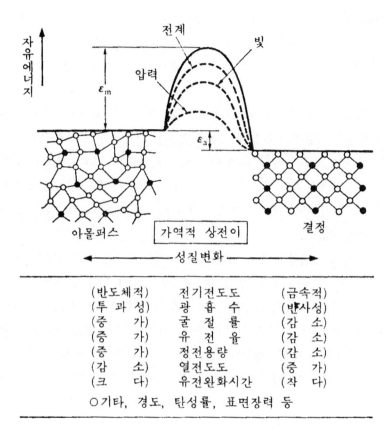

| (반도체적) | 전기전도도 | (금속적) |
| (투 과 성) | 광 흡 수 | (반사성) |
| (증 가) | 굴 절 률 | (감 소) |
| (증 가) | 유 전 율 | (감 소) |
| (증 가) | 정전용량 | (감 소) |
| (감 소) | 열전도도 | (증 가) |
| (크 다) | 유전완화시간 | (작 다) |

○기타, 경도, 탄성률, 표면장력 등

**그림 5·4** 가역적 상전이 및 아몰퍼스상 중에서의 내부 축적에너지의 차이에 따른 성질변화[하마카와(浜川圭弘) 「Electronics News」 1978년 7 월호에서 일부 개편].

• 상전이를 일으키기 쉽다.

제3장에서 아몰퍼스물질의 열역학적 준안정성에 대해 설명하였다. 칼코겐화물 아몰퍼스반도체는 이 준안정성 때문에 전계, 빛, 압력에 의해 상전이(물질이 온도, 압력, 외부 자기장 따위의 일정한 외적 조건에

따라 한 상에서 다른 상으로 바뀌는 현상. 예를 들면 융해, 고화, 기화, 응결 따위이다) 및 내부축적 에너지변화를 일으키기 쉬운 것이 많다. 그림 5·4에 하마카와 등이 정리한 성질변화의 상태를 보였다.

• pn 제어를 할 수 없다.

칼코겐화물 반도체는 제3장에서 설명했듯이 그림 3·6(b)에 보인 것과 같은 아몰퍼스 물질에 특유한 많은 국재준위를 가지며, 일반적으로 그 전도형은 진성전기전도를 나타내고 소수운반자(carrier)의 수명은 극단적으로 짧다. 그리고 그 구조 유연성에 기인하여 결정계 소재와 같은 가전자제어를 할 수 없어, 현재로서는 pn접합(junction)을 형성하지 못하고 있다.

이상에서 설명한 것과 같은 특징을 칼코겐화물 아몰퍼스반도체는 갖고 있다. 앞에서 말한 몇 가지의 우수한 특징을 살려 제6장에서 설명하는 것과 같은 장치가 개발되었다. 제1장에서 설명한 1960년 오브신스키(Ovsinsky)가 발표한 칼코겐화물 아몰퍼스반도체를 사용한 스위치소자나 기억소자는 칼코겐화물 아몰퍼스반도체의 특징을 잘 살린 소자이었으나 pn제어를 할 수 없다는 점으로부터, 종래의 단결정 Si계의 스위치소자나 기억소자에 대응하기까지에는 이르지 못했다.

## 최근의 대발견 수소화 "아몰퍼스Si"의 등장

결정 Si의 특징에서 설명했듯이, 이 재료가 IC나 LSI로서 비약적으로 신장된 이유는, 이 재료의 성질로서 「구조 민감성」이 있었다는 것을 들 수 있다. 결정 Si에 미량의 불순물, 예를 들면 붕소나 인을 첨가하면 p형 또는 n형으로 변화시킬 수가 있다. 이것을 pn제어 또는 가전자제어라고 한다. 이와 같은 제어를 할 수 있기 때문에 트랜지스터를 만들 수가 있었다.

한편, 앞에서 말한 칼코겐화물 아몰퍼스반도체는 어떤 물질도 pn 제어를 할 수 없었다. 즉 구조민감(structure sensitive)이 아니었다. 그 이유는 칼코겐화물계에서는 구조 유연성이 특히 크기 때문에, 어떤 불순물을 넣어도 네트워크 속에 들어가버려 첨가물(dopant)로 행동하지 않기 때문이라고 생각되고 있다. 또 테트라헤드랄계 아몰퍼스반도체에서도 1975년 이전까지는 pn제어를 할 수 없었다. 그 이유는 제3장에서 설명한 것과 같이 장거리질서의 결여로 말미암아 격자의 일그러짐이나 미결합수(dangling bond)가 발생하여 띠의 끝이 긴 꼬리같이 되거나, 띠 안에 국재화한 준위를 갖는다. 즉 질서가 없는 부분이 다른 에너지준위를 가지며, 보통 수단으로는 다룰 수 없는 빠져나오는 부분이 생긴다. 그림 3·6(b)나 그림 3·7(a), (b)의 띠 안의 준위가 이것을 가리키고 있다. 이들 빠져나온 부분들 때문에 페르미준위는 간격 중앙부근에 고정된다.

이 미결합수나 길게 꼬리를 끄은 띠의 끝 때문에 아몰퍼스반도체에 불순물을 첨가하여도 p형, n형 등의 도전형을 변화시키는 일, 즉 pn제어(가전자제어)를 할 수 없었다.

그런데 1975년, 영국의 댄디대학의 스피아(spear)교수가 실란(SiH$_4$)가스를 글로우방전으로 분해하여 형성한 아몰퍼스 Si은, 단결정 Si과 마찬가지로 가전제어, 즉 pn제어를 할 수 있다고 보고하였다. 그들이 발표한 반응장치와 가전자제어 데이터를 그림 5·5에 보였다. 그림(b)에 보인 것과 같이 붕소(B)나 인(P)의 첨가에 의해, 도전율 등의 전기적 특성이 5자리 이상으로 크게 변화하는 것으로부터 가전자제어에 성공하였다는 것을 잘 알 수 있다.

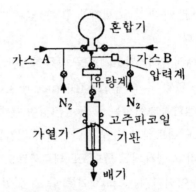

(a) 실험에 사용한 반응장치

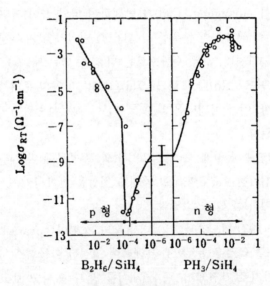

(b) 불순물을 첨가한 경우의 전도도
(가로축은 불순물 가스혼합비,
세로축은 전도도의 대수값)

그림 5·5 스피어 등이 발표한 반응장치와 가전자 제어데
이터

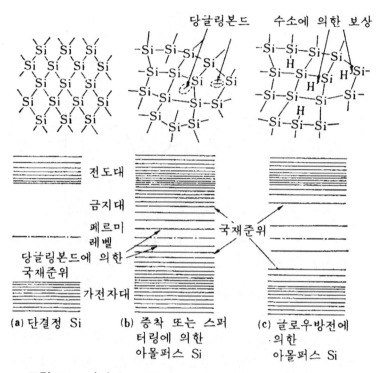

그림 5·6 단결정 Si 및 a-Si에서 결합상태 모델과 띠모델. 중착 또는 스퍼터에서 형성된 a-Si에서 볼 수 있는 당글링 본드와 큰 격자변형이, 글로우방전에서 형성된 a-Si에서는 수소에 의해 보상되어 감소하든가 또는 완화하고 있다.

## 미결합수가 수소로 메워진다

종래의 아몰퍼스 Si은 그림 5·6에 보인 것과 같이 결정 Si에 비해 장주기의 규칙성이 없다. 이 때문에 실리콘의 결합수는 어딘가에서 잘

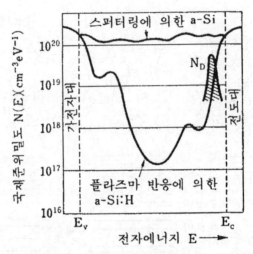

그림 5·7  수소화되지 않은 a-Si(스퍼터법으로 형성)과 수
소화된 a-Si(플라즈마 반응으로 형성)의 국재준위밀도
와 불순물 첨가수준의 관계.

려져 미결합수가 생겨있다. 이 이유는 실리콘이 4배위(즉 4개의 결합
수를 갖고 있다)이기 때문에, 아몰퍼스 격자망(random 격자망)을 형
성할 때 큰 스트레인(비틀림)이 생긴다. 그래서 어딘가에서 이 스트레
인의 적어도 일부분을 흡수하지 않으면 안된다. 그래서 어느 부분에서
그 결합을 자르는 형태가 생긴다. 그것이 즉 미결합수(dangling bond)
이다. 또 남아있는 스트레인에 의한 꼬리상태(tail state)도 많이 존재한
다. 이것은 아몰퍼스 Si의 경우 $10^{20}/cm^3$정도의 밀도결함을 만든다. 이
많은 양의 미결합수는 그림 5·6(b)에 보였듯이 띠간격 속에 고밀도
의 국재준위를 만든다. 그 때문에 반도체의 페르미준위는 간격의 중심
에 정확히 고정된다. 그래서 이와 같이 많은 결함을 가진 반도체에 보
통 $10^{18} \sim 10^{19}/cm^3$의 불순물로서 인(P)이나 붕소(B)를 첨가하여 그림

**표 5·3** 칼코겐화물계와 테트라헤드랄계  아몰퍼스반도체
의 전자적 성질의 비교

| 종류 / 전기적성질 | 갈코겐화물계 | 테트라헤드랄계 | |
|---|---|---|---|
| | | 단원형 | 합금형 |
| 열 기 전 력 | p 형 | n 형 | n 형 |
| 직류전기전도 | 활성형 | 광역호핑형 | 활성형 |
| E S R 신 호 | 미 약 | 강 | 미 약 |
| 광 전 도 | ○ | × | ○ |
| 광루미네센스 | ○ (스토크스 시프트 크다) | × | ○ (스토크스 시프트 작다) |
| 광유기 ESR 광흡수 | ○ | × | ○ |
| 도 핑 효 과 | × | × | ○ |

(「아몰퍼스 전자재료이용 기술집성」Scienee-Forum에서)

5·7에 보인 것과 같이 각각 전도대나 가전자대의 바로 아래의 준위에
각각 도너준위(donor level)나 액셉터준위( acceptor level)를 만들어도
별 효과가 없고 페르미준위는 이동하지 않는다. 즉 단결정 Si(결함밀도
는 보통 $10^{12}/cm^3$ 정도)과 같이 p형이나 n형으로 변화시킬 수가 없다.
그런데 $SiH_4$ 중의 글로우방전(플라즈마반응)으로 형성한 아몰퍼스 Si
에는 10% 전후의 수소가 들어가 수소화되어 있다.

그 때문에 격자망의 스트레인이 완화되어 있을 뿐만 아니라 앞에
서 설명한 결함인 미결합수에 수소가 결합하여 그 미결합수를 감소시
켜 결합밀도를 감소시키고 있다는 사실을 알았다. 이 수소화된 아몰
퍼스 Si(a-Si : H)은 결합밀도가 $10^{15}{\sim}10^{17}/cm^3$ 정도이며, 이 때문에

$10^{18} \sim 10^{19}/cm^3$의 불순물첨가로 p형 또는 n형으로도 될 수 있다. 즉 수소화 아몰퍼스 Si은 구조민감성을 갖는다. 이후 특히 언급하지 않는 한 "아몰퍼스 Si"란 이 수소화 아몰퍼스 Si을 의미한다. 그 후 1978년에 오브신스키 등은 같은 효과가 플루오르(F)를 첨가하여도 얻어진다고 보고하였다.

표 5 · 3에 칼코겐화물계 아몰퍼스반도체와 테트라 헤드랄계 아몰퍼스반도체의 전자적 성질을 비교하여 보였다.

## 수소화 아몰퍼스Si 발견 때의 에피소드

실란을 글로우방전으로 분해하여 제조한 아몰퍼스Si은 수소를 함유함으로써 그 결함밀도가 작아져 pn제어를 할 수 있게 되었다. 여기서 에피소드를 한 가지 소개하겠다. 스피아교수가 글로우방전으로 형성한 아몰퍼스Si을 최초로 보고한 것은 1975년의 '솔리드 스테이트 커뮤니케이션(Solid State Communication)'이라는 과학지였다. 1975년, 필자가 스피아교수를 스코틀랜드에 있는 댄디대학에서 만났을 때, 교수가 나에게 얘기한 바에 따르면, 아몰퍼스Si에 관한 논문을 이 과학지에 투고하기 전에 다른 물리학회지에 투고하였으나, 내용에 신선미가 없다하여 실어주지 않았었다는 것이었다. 아몰퍼스물질에서 그렇게도 위대한 논문은 한 번 거부를 당했던 것이다. 그래서 다시 마음을 가다듬어 반도체 관계의 '솔리드 스테이트 커뮤니케이션(Solid State Communication)'이라는 "정보속보지"에 투고하여 겨우 교수의 논문이 세상에 빛을 보게 되었다고 한다. 만일 그의 논문이 계속 채택되지 않았더라면 아몰퍼스Si로 상정되는 현재의 아몰퍼스반도체가 융성하지는 못했을지도 모른다.

또 하나의 에피소드는 1975년, 스피아교수가 수소화 아몰퍼스Si의 가전자제어를 세상에 내놓았을 때, 교수는 좀처럼 이 아몰퍼스 Si에 수소가 들어가 있다는 사실을 인정하려고 하지 않았다. 이유는 확실하지 않으나 내가 상상하건대, 위대한 발견자인 스피아교수도 아마 그 당시는 예산도 적고 근대적인 분석기기도 갖고 있지 못하였던 것이 아닐까 하고 생각한다. 발표 후 여러 사람의 실험보고서가 나온 뒤에, 스피아 교수도 "수소"화 아몰퍼스Si을 인정하였다. 이 두 가지 사건은 위대한 발견과 발명이 처음에는 좀처럼 인정받기 어렵다는 사실과 또 그렇게 윤택한 예산의 뒷받침을 받지 못하는 환경이라도 독창적인 일을 할 수 있다는 사실을 가리키고 있다고 필자는 생각한다.

## 종래의 단결정계와의 큰 차이

독자들은 여기까지 더듬어오면서 어렴풋이나마 아몰퍼스가 어떤 물질인가를 이해하였을 것이라고 생각한다. 여기서 다시 한번 독자들의 머리를 정리하기 위해, 아몰퍼스와 단결정과의 차이를 정리해 보기로 하자. 한 마디로 단결정과 아몰퍼스의 차이를 말하자면, 단결정은 지금까지의 전자공업을 지탱하여 온 우등생인데 반해 아몰퍼스는 앞에서도 말한 것과 같이 이단자라고 말할 수 있다. 이단자라고 하면 열등생을 상상할지도 모르나 아몰퍼스는 열등생이 아니다. 확실히 단결정에 뒤떨어지는 점도 있으나 우등생인 단결정이 도저히 흉내조차 낼 수 없는 우수한 점을 아몰퍼스는 가지고 있다. 이하에서 최근에 주목을 받고 있는 글로우방전에 의해 형성된 수소화 아몰퍼스 Si의 우수한 점을,

단결정의 경우와 비교하면서 설명하겠다.

먼저 형성법으로부터 유래되는 아몰퍼스 Si의 특성을 정리하면 다음과 같다.

① 대면적화가 용이

② 저온 형성이 가능

③ 값싼 기판을 사용할 수 있다(유리, 스테인레스, 플라스틱 등).

아몰퍼스 Si의 대표적 형성법인 글로우방전을 사용한 플라즈마 CVD법에 관해서는 앞 절에서도 설명하였으나, 이것은 기상법이기 때문에 액상법을 사용하는 종래의 단결정Si에 비해 대면적화가 쉽다. 어느 정도의 차이가 있는가 하면, 현재 단결정Si 웨이퍼(wafer)의 크기는 겨우 8인치(지름 약 20cm)인데 대해, 아몰퍼스 Si에서는 세로 40cm, 가로 120cm 크기의 태양전지가 형성되고 있으며 더 큰 면적의 것도 형성이 가능하다.

또 단결정Si의 형성에는 1000 ℃ 이상의 고온공정이 필요로 하나, 아몰퍼스Si은 300 ℃ 이하에서 형성할 수 있다. 이것은 낮은 코스트화에 결부될 뿐만 아니라 저온공정을 필요로 하는 장치에 가장 적합하다고 할 수 있다.

한편, 단결정Si은 보통 단결정의 기판 위에서 밖에 형성할 수 없으나 아몰퍼스Si은 일반적으로 많은 기판 위에 형성할 수가 있다. 예를 들면 값싼 유리, 스테인레스는 물론 플라스틱 위에도 형성할 수 있다. 이것은 단결정에는 없는 아몰퍼스의 큰 특징이라고 할 수 있다. 즉 일반적으로 단결정물질의 경우, 다른 기판 위에 어떤 단결정을 형성하려고 하면 기판을 구성하고 있는 물질의 격자상수와 상부에 형성되는 단결정물질과의 격자상수에 차이가 생긴다. 이 때문에 그 접합부가 잘 접속되지 않고 이종(다른 종류) 기판 위에 단결정을 형성한다는 것은 매우

**표 5·4**  아몰퍼스 Si : H와  단결정Si의  물성상수

| 물성상수 (300°K) | | 아몰퍼스 Si : H | 단결정 Si |
|---|---|---|---|
| 국재준위밀도 | $N_s(cm^{-3}eV^{-1})$ | $10^{16} \sim 10^{17}$ | $\sim 10^{12}$ |
| 전자이동도 | $\mu_e(cmV^{-1}sec^{-1})$ | $0.8 \sim 10^{-2}$ | 1500 |
| 정공이동도 | $\mu_p(cmV^{-1}sec^{-1})$ | $10^{-2} \sim 10^{-3}$ | 500 |
| 정공확산거리 | $L_p(\mu m)$ | $0.2 \sim 1$ | 200 |
| 전자수명시간 | $\tau_e(sec)$ | $\sim 10^{-5}$ | $2.5 \times 10^{-3}$ |
| 정공수명시간 | $\tau_p(sec)$ | $\sim 10^{-5}$ | $2.5 \times 10^{-3}$ |
| 암도전율 (p−n층) | $\sigma_d(\Omega^{-1}cm^{-1})$ | $1 \sim 10^{*)}$ | $10^3 \sim 10^4$ |
| 암도전율 (i층) | $\sigma_d(\Omega^{-1}cm^{-1})$ | $10^{-8} \sim 10^{-11}$ | $4 \times 10^{-6}$ |
| 광 도 전 율 **) | $\sigma_{ph}(\Omega^{-1}cm^{-1})$ | $10^{-3} \sim 10^{-4}$ | $\sim 10^0$ |
| 광학 띠간격 | $E_{opt}(eV)$ | $1.5 \sim 1.8$ | 1.1 |
| 광흡수 계수 ***) | $\alpha(cm^{-1})$ | $1.5 \sim 3 \times 10^4$ | $5 \times 10^3$ |

*) 마이크로크리스탈 Si   **)AM-1, 100mW/cm²에서
***) 입사광자 에너지(hν):2eV

어렵다. 한편 아몰퍼스물질은 장거리질서를 필요로 하지 않기 때문에 앞에서 설명한 것과 같이 매우 넓은 범위에서 각종 기판에 아몰퍼스 물질을 형성한 수 있다. 이와 같은 특징을 살려서 $SiO_2$ 위에 아몰퍼스 Si 박막트랜지스터를 적층한 3차원 집적회로도 뒤에서 설명하는 것과 같이 실현되려 하고 있다.


광학적 특성은 단결정보다 우수하다


다음에는 아몰퍼스Si과 단결정Si의 전기적, 광학적 특성의 차이에

대해 설명하겠다.

표 5 · 4에 두 물질의 주특성을 정리하여 적어 보았다. 글로우방전에 의해 형성된 아몰퍼스 Si막 중에는 수소가 함유되어 있으며, 이 수소가 미결합수와 결합하여 결함을 감소시킨다는 것을 앞 절에서 설명하였다. 그러나 완전히 결함을 없앨 수는 없다는 것과 아몰퍼스 특유의 불규칙 포텐셜(random potential) 때문에 표 5 · 4에 보인 것과 같이, 전자나 정공의 이동도나 확산거리 등의 전기적 특성은 단결정실리콘에는 아직 미치지 못한다.

한편, 아몰퍼스 Si은 광흡수계수가 크고 광학 띠 간격이 크다는 등의 특징이 있으며, 광학적 특성은 단결정 Si에 비해 우수하다. 예를 들면 광흡수계수가 높기 때문에 두께 약 1nm의 태양전지를 만들 수가 있다(단결정Si 태양전지의 두께는 약 300nm). 아몰퍼스Si이 단결정Si에 비해 광흡수계수가 큰 이유는 단결정Si이 간접천이형인데 대해, 아몰퍼스 Si은 구조의 불규칙성 때문에 K선택측이 완화되어 직접천이형의 성분이 증가하기 때문이다.

이상에서 설명한 것과 같이 아몰퍼스 실리콘은 단 결정실리콘에 비해, 전기적 특성은 떨어지지만 광학적 특성이 우수한 점이 있고, 또 형성법으로부터 유래되는 많은 장점이 있기 때문에, 태양전지나 광센서 등에서는 단결정Si을 대신하는 분야가 나오고 있다.

### 필자와 아몰퍼스Si과의 만남

여기서 필자와 아몰퍼스Si과의 만남에 대해서도 약간 언급하겠다.

제1장에서 필자와 아몰퍼스물질의 만남이 약 20년 전, 플라즈마방

전 반응에 의한 아몰퍼스 질화실리콘을 시작으로, 그 후 칼코겐화물 아몰퍼스반도체를 연구하여, 이것을 사용한 형광등의 순간점등 소자를 개발하였으나 공업화가 잘 되지 않았다는 것을 말하였다. 아몰퍼스물질의 연구를 하기 시작하여 약 10년쯤 되었을 때였다. 한 때의 칼코겐화물 아몰퍼스반도체 붐도 이 물질이 가전자제어(pn 제어)를 할 수 없다는 것을 알고부터 급속히 그 연구자의 수가 줄어들었다.

「지금이 기회일지 몰라! 10년 이상이나 연구해 왔지만, 아무래도 잘 되지 않아. 지금이 방향전환을 할 시기일까?」하고 생각하였다. 당시 나의 상사였던 산요 전기주식회사의 취재역(현재 전무) 야마노 중앙연구소 소장은 나에게 항상 이렇게 말씀하였다.

「구와노 군. 자네는 어딘가 유니크한 성질을 갖고 있기 때문에, 유니크한(정체를 알 수 없는) 물질인 아몰퍼스물질의 연구를 맡겼었지. 벌써 10년 이상을 하고 있는데도 도무지 싹이 트지 않군. 이젠 그쯤에서 단념하는 게 어때? 민간기업의 연구자는 소비자가 사용해 줄 수 있는 걸 개발해야만 그 사명을 다하고 있다고 할 수 있잖아. 자네는 도대체 몇 년을 더 아몰퍼스를 연구해야만 "물건"을 만들어 낼 수 있는거야!」

「아닙니다, 소장님. 조금만 더 계속하도록 해주십시오. 오사카대학의 하마카와 교수와 전총연 다나카 씨들이 일단 평가해 주셔서 연구회에서 발표하라는 말씀을 하고 있으니까요」

나는 필사적으로 응용장치의 개발을 계속하였다. 광메모리, 센서 등, 그러나 pn제어가 되지 않는 칼코겐화물 아몰퍼스반도체를 사용한 장치의 개발에는 한계가 있었다.

1973년, 세계에 큰 충격을 준 사건이 일어났다. 즉 아랍제국이 단결하여 석유가격을 단번에 5배나 인상하여 세계경제에 대혼란을 가져왔다. 전기기기 제조업체도 큰 타격을 받아 상품이 팔리지 않게 되었다. 공장은 임시 휴업을 하는 곳이 사방에서 잇따랐다. 연구소의 예산도 큰 폭으로 감소되었다. 언제나 연말에 있는 연구테마 심의회가 다가오고 있었다. 나는 어떤 결심을 하였다. 10년간이나 아몰퍼스물질을 연구해 왔으나, 이런 상황이라면 이젠 연구를 중단하자. 다음의 테마를 협의하기 위해 야마노 소장실을 찾아갔다.

「소장님, 아몰퍼스연구는 중단하겠습니다!」

소장은 책상에 있는 서류에서 눈을 떼고 나의 얼굴을 한참 쳐다보다가 의자에서 일어나, 뒤에 있는 창을 통해 바깥 경치를 한참 보다가 갑자기 뒤돌아서서는 「난 그만두지 않겠네!」 라고 말하는 것이었다. 나에게는 너무나 의외였다. 그렇게도 몇 번이고 그 쯤에서 단념하라고 말했었는데, 소장은 말을 이었다.

「구와노 군, 이제부턴 에너지시대야!」 「자네는 아몰퍼스재료를 전자제품의 재료로서 보고 있었잖아. 다시 한번 에너지재료로서 생각을 바꿔보면 어떤가?」

나는 연구실로 돌아와 모두에게 아몰퍼스연구를 계속하게 되었다고 큰 소리로 전달하였다. 10년 이상을 계속한 연구를 그만 둔다는 것은 나 자신에게도 괴로운 일이었다. 그래서 그만두겠다고 하지 않고 「중단」 이라고 말했던 것이다.

모가지가 달랑달랑 했다. "아몰퍼스재료를 에너지 관련의 소재로서 본다···?" 무엇이 있을까? 우리는 다시 필사적으로 새로운 테마를 찾기 시작하였다. 그런 가운데서 국가에서 추진하는 선샤인(Sunshine) 계획이 시작되어 태양에너지의 이용이 주목을 받고 있다는 것을 알게 되었다. 그 중에서도 태양전지가 다음 세대의 에너지원으로서 중요하다는 사실을 알게 되었다.

　그런 시기에 한 논문이 도서실에서 눈에 띄었다. 그것이 댄디대학 스피아교수의 실란가스를 글로우방전으로 분해하여 형성한 아몰퍼스 Si은 가전자제어가 가능하다는 논문이었다.

　「방전반응」과 「아몰퍼스」 스피아교수의 논문을 읽었을 때 나는 벼락을 맞은 것과 같은 충격을 받았다.

　이 둘은 지금까지 내가 해온 바로 그것이며, 바로 「나의 분야」이었다. 이전에 야마노소장께서 「에너지의 소재로 생각해 보라」는 말을 들었을 때, 직관적으로 내가 느꼈던 것은 태양에너지의 이용이었다.

　-아몰퍼스로 태양에너지를 이용한다면 광에너지를 직접 전기로 변환시킬 수 있는 태양전지. 종래의 태양전지는 트랜지스터 등에 사용되고 있는 단결정Si을 사용하고 있었기 때문에 코스트가 매우 비싸게 먹혔다. 이것을 아몰퍼스로 하자-.

　여기서 나는 태양전지의 개발에 달라붙을 결의를 굳혔다. 우선 스피아교수의 논문을 야마노소장에게 보이고 설명을 하였더니 심한 꾸중을 들었다.

　「자네는 방전반응 실험을 전부터 해오지 않았는 가? 좀더 잘만 해왔더라면 스피아교수보다 10년이나 앞서 아몰퍼스 실리콘이 만들어졌을 거야」 하고 말하는 것이었다. 얘기를 듣고보니 정말로 그러했다. 그때 야마노소장은 한 말씀을 덧붙였었다.

　「아몰퍼스의 개발에서 한걸음 뒤졌으니까 태양전지를 세계에서 처음으로 만들게!」

　그러나 당시의 나는 사이드웍으로 시작한 탄성표면과 필터와 비접촉 온도센서의 연구도 담당하고 있었다. 당장은 그쪽 연구가 중요하였다. 부원도 한정되어 있었다. 그러나 나는 곧 방구석에서 먼지를 뒤집어 쓰고 있던 약 10년 전의 방전반응장치를 끌어내어 태양전지의 제작에 착수하였다. 밤을 지세우는 날이 계속되었다. 토요일도, 일요일도 없었다. 틀림없이 태양전지를 만들 수 있을 것이다. 그러나 실험을 시작한지 5개월이 지나도 만들어지지 않았다.

그러는 동안에 미국의 RCA 칼슨(Carlson)그룹이 아몰퍼스Si 태양전지를 만들어 발전을 시켰다는 뉴스가 전해졌다. 스피아교수의 논문이 발표된지 2년도 채 지나지 않았었다. 또 한번 야마노소장에게 야단을 맞았다.

「발전하는 소자를 만드는 일에서 선두를 빼았겼다면, 공업화에서는 세계 최초가 되어야 하잖아!」

그러나 칼슨의 뉴스는 내게 있어서는 사실 내심으로는 매우 기쁜 것이었다. 우리에게 있어서는 10년을 하여도 아무 것도 나오지 않는 아몰퍼스는, 여전히 수렁이었고, 태양전지라고 한들 결국은 아무 것도 나오지 않는 것이 아닌가 하는 불안에 고민하는 경우가 있었다. 그러나 RCA라는 세계 초일류급의 연구소에서 아몰퍼스태양전지를 개발하였으니까 우리의 길이 틀리지는 않았었구나 하고, 오히려 안심이 되었다.

그러나 야마노소장의 말은 얼마 후 나의 투쟁심을 불러 일으키게 하였다. 그래, 세계 최초의 아몰퍼스Si 태양전지를 공업화해 보자. 이후의 전개는 제6장에서 약간 언급하기로 하고 다시 본론으로 돌아가겠다.

# 제 6 장
# 아몰퍼스반도체의
# 응용제품

앞 장까지 설명해 온 것과 같이 아몰퍼스반도체는 여러 가지 우수한 특성을 갖고 있다. 이들 특성을 살려서 아몰퍼스반도체는 몇 가지의 제품에 응용되고 있다. 현재, 이 세상에 나와있는 것으로는 전자계산기 등에 사용되고 있는 태양전지, 각종 센서 등이 있으며, 앞으로 등장할 제품으로는 아몰퍼스실리콘 박막트랜지스터를 응용한 박형 TV 등이 있다.

여기서는 이것들 중에서 대표적인 아몰퍼스반도체의 응용장치에 대해서 소개하기로 하겠다.

## (6 · 1). 단 결정의 300 분의 1 두께의 태양전지의 실현

우리가 사는 지구 위의 생물은 태양에너지에 의해 탄생되고 자라왔다. 기온을 유지하는 열, 구름이나 비를 만드는 물의 증발, 생체계에서의 광합성 등, 지구 위의 에너지는 거의 100%가 태양에너지가 원천이다. 현재 인류가 사용하고 있는 에너지의 대부분을 차지하는 석유, 석탄 등의 화석에너지도 태양에너지를 과거에 식물이 축적한 것이다.

1973년의 오일쇼크 이후, 화석에너지의 고갈을 피할 수 없다는 인식이 일반화되어 대체에너지를 찾게 되었다. 그 중에서도 반영구적 수명을 갖고 있는 태양에너지로부터 직접 전기를 끌어 낼 수 있는 태양전지가 주목을 받고 있다.

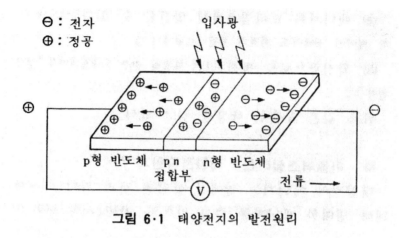

⊖ : 전자
⊕ : 정공

입사광

p형 반도체  pn 접합부  n형 반도체

전류 →

V

**그림 6·1  태양전지의 발전원리**

## 태양전지는 어떻게 발전하는가 ?

독자들이 태양전지에 대해 자세히 모르면 곤란하기 때문에, 약간 그 발전 원리에 대해 설명하겠다. 일반적인 발전시스템에서는 화력발전의 경우, 석유나 석탄을 연소시켜 그 에너지로 물을 가열하여 증기로 바꿔 터빈을 돌리므로써 발전을 한다. 원자력의 경우는 핵분열 반응에 의한 에너지를 석유나 석탄을 연소시키는 대신 사용한다. 수력은 태양에너지로 바다나 지표로부터 증발한 물이 비가 되어 지표로 내리고, 그 물을 댐으로 막아서 물의 낙차에너지를 사용하여 발전기를 돌려 발전한다.

태양전지는 지금까지의 방식인 발전방식과는 전혀 다른 발전방식이다. 즉 태양전지의 발전원리는 반도체에 빛이 입사하였을 때 일어나는 광전효과를 이용한 것이다. 그림 6·1에 보인 것과 같이 반도체에 적당한 에너지를 가진 빛(광자)이 입사하면,  빛과 반도체를 구성하는 전자의 상호작용이 일어나고 전자와 정공(전자가 빠져 나간 허물로 ⊕의 전하를 가짐)이 발생한다. 반도체 중에 pn접합이 있으면 전자는 n형 반도체로, 정공은 p형 반도체로 이동하여 양쪽 전극부에 모인다. 말하자면 ⊖와 ⊕의 전하가 양끝으로 끌어당겨지는 것이다. 거기서 이 양쪽 전극을 선으로 연결하면 전류가 흐르기 때문에 전력을 끌어낼 수가 있다.

이와 같은 태양전지에 의한 발전은

(1) 태양광의 에너지는 "무료"로 무진장하다(지구 위에는
    약 $1.77 \times 10^{14}$ kW의 태양광이 내려 쪼이고 있다).

(2) 깨끗한 에너지원이다(종래의 발전에 필요한 모터 등의
    가동부를 필요로 하지 않고, 유해 폐기물이나 소음이
    나오지 않는다).

(3) 규모의 대소에 관계없이 거의 일정한 효율로 발전할 수 있다
    (작은 손목시계용 태양전지이든 큰 수십kW나 수백kW의
    전력용 태양전지이든 그 변환효율은 별로 다르지 않다).

(4) 에너지의 소비장소에서 발전할 수 있다[낙도(외딴섬)나
    멀리 떨어진 곳에서도 최적의 발전시스템이다].

(5) 확산광으로도 발전된다(형광등 같은 실내광에서도 발전한다).

위와 같은 우수한 특징을 갖고 있다.


## 왜 아몰퍼스실리콘 태양전지인가?


태양광의 에너지는 앞에서 설명한 것과 같이 지구에 대해 방대한 에너지를 주고 있으나, 지표에서의 단위 면적당으로 환산하면 맑은 날씨에서 $1m^2$당 1kW 정도 밖에 안되며 희박하다. 그래서 대량의 에너지를 얻으려고 하면 넓은 면적에 걸쳐 태양전지를 촘촘하게 깔아야 된

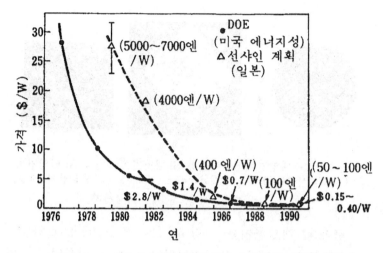

**그림 6·2 미국과 일본의 태양전지가격의 변화 예측**

다. 예를 들면 태양전지의 변환효율(입사하는 광에너지를 전기로 변환하는 효율)을 10%라 하면 $1kW/m^2 \times 0.1 = 100W/m^2$. 즉 $1m^2$에서 100W 밖에 전력이 얻어지지 않기 때문에 수 kW의 전력을 얻으려면 넓은 면적을 필요로 한다. 따라서 각국은 저코스트(코스트: 가격)화에 힘을 쏟고 있다. 그림 6·2에 일본의 통산성 공업기술원의 선샤인 (sunshine)계획과 미국의 에너지성에 의한 저코스트 태양전지 개발계획의 가격 예측을 보였다. 양측의 계획은 거의 같으며 1990~2000년에 걸쳐서 태양전지 1W 당의 가격을 100엔 이하로 하려는 것이다.

태양전지는 그림 6·4(a) 또는 (b)에 보인 것과 같은 공정으로 만들어졌으나, 제조공정이 복잡하고 많은 제조 에너지를 필요로 하는 등 코스트가 비싸고 열반 전원으로서 널리 보급하기가 어려웠다.

1973년의 오일쇼크 이후 각국이 공정개량을 위해 더 많은 연구개발을 계속하는 가운데서, 최근에 아몰퍼스 태양전지가 종래의 태양전지

(a) 단결정 Si 태양전지 (b) 다결정 Si 태양전지 (c) a-Si 태양전지
(ARCO사 제공)　　　(Solarex사 제공)　　(산요전기 제공)

**그림 6·3** 각종 실리콘 태양전지

종래의 태양전지는 그림 6·3(a) 또는 (b)에 보인 단
결정 또는 다결정 Si 태양전지가 주류를 이루었다. 이

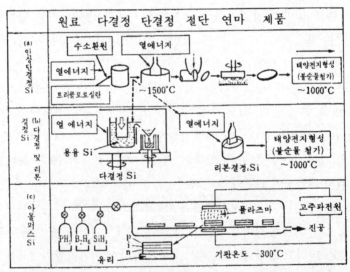

**그림 6·4** 각종 태양전지의 제조방법. a-Si태양전지는 제
조공정이 간단하며 제조에너지가 적기 때문에 저코스
트화가 가능하다.

에 비해 비약적으로 저코스트화할 수 있다는 것을 알게 되어 주목을 모으고 있다.

이 아몰퍼스Si 태양전지의 구조 그림 및 외관 사진을 그림 6・3(c)에, 그 제조법을 그림 6・4(c)에 보였다. 이 태양전지는 종래의 단결정에 비해 다음과 같은 특징을 갖고 있다.

(i) 제조공정이 간단(소재인 아몰퍼스Si을 형성하는 것과 동시에 태양전지의 기본구성이 되는 pin 접합을 형성할 수 있다).

(ii) 제조에너지가 적다(기판온도는 ~300 ℃, 단결정Si의 경우는 1000~1500 ℃이다).

(iii) 필요한 막의 두께는, 아몰퍼스Si은 아몰퍼스 상태인 관계로 하여 앞에서 설명한 것과 같이 광흡수계수가 크기 때문에 약 1 $\mu$m의 초박막으로도 된다(단결정Si의 경우의 약 300분의 1).

(iv) 가스반응이기 때문에 비교적 면적을 크게 하기가 쉽다.

(v) 기판재료의 값이 싸다(유리, 스테인리스, 수지 등을 사용할 수 있다).

(vi) 1장의 기판 위에서 적당한 구조를 취함으로써 높은 전압을 얻을 수 있다(집적형 태양전지 등).

아몰퍼스Si 태양전지는 저코스트 태양전지의 자질을 두루 갖추고 있다는 것을 알 수 있플 것이다. 특히 (iii)의 성질은 중요하며, 제5장에서 설명한 것과 같이 아몰퍼스상태로 말미암아 아몰퍼스Si은 그림6・5에 보인 것과 같이 태양복사에너지의 피크(어떤 양이 가장 많아지는 순간의 값)부근에서, 즉 가시광선 영역에서 단결정Si보다 한 단위 큰 흡수계수를 갖는다. 하마카와교수 등에 의한 다른 태양전지와의 비교를 그림6・6에 보였다. 이 그림에서 알 수 있듯이 아몰퍼스Si은 태양전지로서 사용할 경우 약 1 $\mu$m의 두께로 충분하며, 다른 물질에 비해 매우

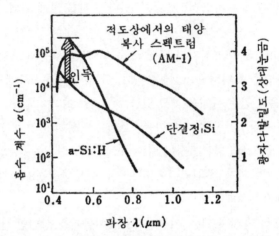

**그림 6·5** a – Si : H와 단결정Si의 광흡수 스펙트럼의 비교
(태양에너지의 피크가 되는 5000 Å부근에서 거의 1 자
리 이상 a – Si : H의 흡수 계수가 크다)

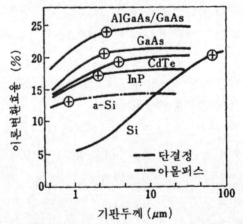

**그림 6·6** 각종 태양전지의 막두께와 도달변환효율과의관계
(⊕점들은 최적점을 나타냄). a – Si태양전지는 광흡수
계수가 크기 때문에 매우 얇은 두께(1㎛ 이하)이다
〔하마카와(浜川圭弘) 『일본 금속학회회보』 제19권, 제
4 호, 1980에서〕.

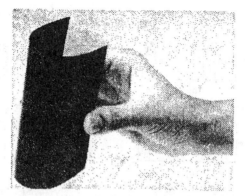

**그림 6·7** 수지Si 위의 아몰퍼스Si 태양전지

얇아도 된다. 한편 다결정의 경우, 그림에서 알 수 있듯이 최적 막의 두께는 70~80 $\mu$m이다. 그러나 이와 같이 얇은 막 두께의 웨이퍼는 취급하기가 어렵기 때문에 실제로는 300~400 $\mu$m 두께의 웨이퍼모양의 단결정Si이 태양전지의 제조에 사용되고 있다.

### 아몰퍼스Si 태양전지는 어떤 구조인가?

아몰퍼스Si 태양전지는 단결정계 태양전지와는 매우 다른 구조를 갖고 있다. 첫째로 유리나 금속, 유기물, 세라믹스와 같은 많은 기판 위에 형성이 가능하다. 이것은 아몰퍼스Si이 아몰퍼스상태이기 때문에, 즉 장거리질서를 필요로 하지 않기 때문에, 다른 기판과의 정합성(무모순성)에 별로 신경을 쓰지 않아도 된다는 것에 크게 기인하고 있다. 그림 6 · 7에 수지(resin) 위에 형성된 구부러지는 아몰퍼스Si 태양전지를 보였다.

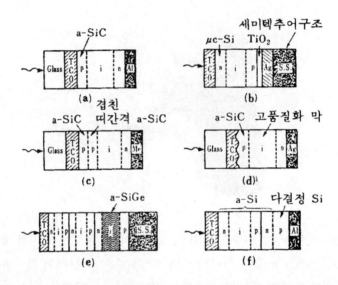

**그림 6·8** 각종 a-Si태양전지의 구조(TCO는 투명전도막)

구체적인 구조를 그림 6·8에 보였다. 전류를 끌어내기 위해 상하에 전극이 있다. 특히 빛이 입사하는 쪽에는 투명하면서 전기를 통하는 투명전도막(TCO: Transparent Conductive Oxide)을 사용하며, 보통 산화주석($SnO_2$), 산화인듐주석(ITO)이 사용된다. 일반 단결정계 태양전지는 pn접합을 갖는 캐리어(carrier: 운반자) 확산형이나, 아몰퍼스 Si 태양전지는 불순물을 첨가한 p, n층의 캐리어의 확산길이가 짧기 때문에 pn접합 사이에 i층을 사용한 캐리어 드리프트형으로 되어 있다.

또 하나의 아몰퍼스Si 태양전지의 구조적 특징으로는 다층구조를 들 수 있다. 그림6·8(e)에 보인 것과 같은 다층구조의 태양전지로 높은 전압이 얻어진다.

이것은 오사카대학의 하마카와교수 등이 발명한 것으로 아몰퍼스 태양전지를 다층화함으로써 높은 전압과 보다 높은 효율을 지향한 것이다.

## 아몰퍼스Si 태양전지는 어떻게 제조하는가?

여기서는 일반적으로 사용되고 있는 그림6・8(a)와 같은 유리를 기판으로 한 아몰퍼스Si 태양전지의 제조법에 대해 설명하겠다.

유리 기판 위에 증착 또는 열CVD법으로 산화주석이나 산화인듐을 투명전극으로서 형성한 후, 그림6・4(c)에 보인 것과 같이 $10 \sim 10^8$ Pa 정도의 진공으로 유지된 반응실에 실란($SiH_4$) 등을 도입하여, 고주파 전계를 가함으로써 글로우방전에 의해 실란가스를 분해 형성한다. 이때 실란에 $B_2H_6$를 혼입시켜 P형 아몰퍼스Si을 150A 형성한다. 다음에 실란만으로 반응시켜 i층이라고 불리는 발전층을 약 5000A 형성시킨다. 다음에 실란에 $pH_3$를 혼입시켜 500A의 n형 아몰퍼스 Si을 형성한다. 이와 같이 투명전도막 위에 pin층을 형성한 후 알루미늄 등의 금속을 약 $1 \mu m$ 증착하여 전극을 형성한다.

아몰퍼스Si 태양전지는 개발 초기에는 변환효율이 종래의 태양전지에 비해 매우 낮았다. 즉 싸게 비지떡이었던 셈이다. 그러나 일본의 아몰퍼스반도체의 연구 개발그룹은 이것에 대해 매우 적극적으로 임했다. 아몰퍼스반도체를 오래 전부터 연구하고 있었던 오사카 대학 하마카와교수와 전총연의 다나카실장을 중심으로, 이론면에서는 교토대학 기초연구소의 요네자와 조교수(현재 게이오 대학 이공학부 교수) 그룹, 물성면에서는 도쿄대학 물성연구소의 모리가키교수, 히로시마대학의 히로세교수, 기후대학의 닛타교수, 가나자와대학의 시미즈교수 등의 아몰퍼스 반도체에 관한 연구가 이미 진행되고 있었다. 특히 1980년 아몰퍼스 Si 태양전지가 선샤인계획의 개발계획에 정식으로 채택되고부 터는 한층 많은 일본의 연구자들에 의해 훌륭한 연구성과가 얻어졌다. 자세한 것은 다른 책들을 읽어보도록 하고 장치면에서 들어본다면, 제 조법으로는 반응상태를 보다 확실히 한 전총연의 다나카실장 그룹 및 히로시마대학의 히로세그룹이 행한 분광법에 의한 플라즈마진단법의 개발과, 필자들에 의한 연속 분리형성 플라즈마반응법의 개발, 전총연 의 하야시 등에 의한 디질란(disilane)을 사용한 고속성막에 의한 태양 전지형성, 도쿄공대 고나가이 그룹에 의한 전광CVD법(제4장 제조법 에서 설명함)에 의한 아몰퍼스Si 태양전지의 제조법을 들 수 있다.

신재료로서 특히 비약적으로 아몰퍼스Si 태양전지의 변환효율을 향 상시킨 아몰퍼스 실리콘카바이드(a-SiC:H)의 개발이 있다.

이 a-SiC:H는 실란( $SiH_4$)과 메탄($CH_4$)의 혼합가스에 p형 불순물 로서 보란(borane: $B_2H_6$)을 첨가하여 글로우방전에 의해 p형의 아몰 퍼스 실리콘카바이드층을 형성하는 것으로, 종래는 그림 6·8(a)에 보 인 아몰퍼스Si 태양전지의 p층에는 실란에 보란을 첨가한 P형 a-Si:H 가 사용되고 있었으나 광학적 특성이 좋지 않았다. 즉 빛의 투과율이 매우 나빴다. 이것에 대해 보다 빛을 잘 통과시키고 더구나 전기적 특 성이 좋은 아몰퍼스 실리콘카바이드가 개발되었다. 그림6·9에 하마 카와교수 등에 의해 보고된 실리콘카바이드에서의 가전자제어의 데이 터와 이것을 아몰퍼스Si 태양전지의 p층에 사용하였을 때 특성의 향상 상태를 보였다. 이 그림에서 보인 것과 같이 변환효율이 종래에 비해서 큰 폭으로 향상되었다.

높은 변환효율을 나타내는 최근의 아몰퍼스Si 태양전지의 대부분이 이 p형 a-SiC:H을 사용하고 있다. 그 밖에 신재료로서 전총연 다나카 실장 등이 개발한 마이크로크리스탈Si이나 히로시마대학의 히로세교

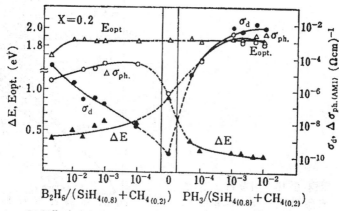

(a) a-SiC 물성상수 ($\Delta E$, $E_{opt}$, $\sigma_d$, $\Delta \sigma_{ph}$)의 도핑 가스비 의존성

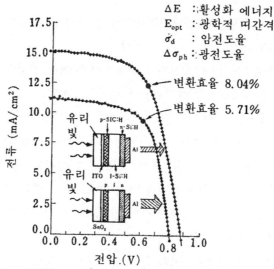

$\Delta E$ : 활성화 에너지
$E_{opt}$ : 광학적 띠간격
$\sigma_d$ : 암전도율
$\Delta \sigma_{ph}$ : 광전도율

변환효율 8.04%
변환효율 5.71%

(b) a-SiC/a-Si 헤테로 접합 태양전지와 핀형
a-Si 태양전지의 출력특성

그림 6·9  a-SiC의 특성(Y. Hamakawa and Y. Tawada,
Int, J. Solar Energy, Vol 1. 1982에서)

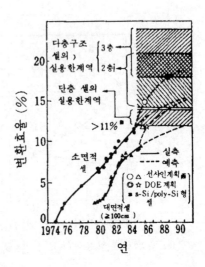

그림 6·10  아몰퍼스Si
태양전지  변환효율의
변천과 효율 향상의 예측

수 등에 의한 실리콘나이트라이드, 도쿄공대 시미즈교수 등이 개발한 a-SiGe : H : F 등을 들 수 있다.

새로운 a-Si 태양전지의 구조로서 앞에서 설명한 p형 a-SiC:H를 사용한 헤테로접합형(그림6·8(a)), 광차폐법(그림 6·8(b), (d))을 사용한 구조, 그 밖에 그림 6·8에 보인 각종 태양전지가 개발되었다.

이들 관·학·민의 견고한 연구개발체제가 확립되는 가운데서 각종 기초연구, 기초기술을 바탕으로 변환효율은 그림 6·10에 보인 것과 같이 최근에 급속히 향상하여, 현재로는 소면적(약 1cm²)에서 11% 이상, 100cm²에서 9% 이상이 얻어지고 있다. 그림 6·11에 필자 등이 얻은 현재 상태에서의 가장 높은 수준인 1cm²에서 11.5%의 태양전지특성을 보였다. 이와 같이 변환효율은 향상되어 왔으나 변환효율 10~15%의 것이 생산되고 있는 결정계Si 태양전지에 비하면 아직도 조금 떨어지고 있다.

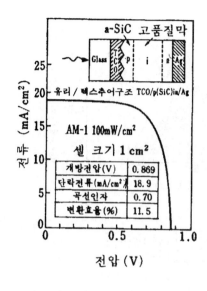

그림 6·11 유리/직물 구조
TCO/p(SiC) in/Ag형의
a-Si 태양전지의 전
류-전압특성

아몰퍼스Si을 사용하여 결정계Si을 능가하는 변환 효율을 달성할 수 있는 구조로서 그림6·12(a)와 같은 다층구조가 제안되고 있다. 이 구조는 보통의 아몰퍼스Si을 사용한 태양전지의 앞면쪽에 아몰퍼스 실리콘 카바이드(a-SiC)나 아몰퍼스 실리콘 나이트라이드(a-SiN) 등과 같은 단파장광에 감도를 갖는 태양전지를 배치하고, 뒷면쪽에 아몰퍼스 실리콘 게르마늄(a-SiGe)이나 아몰퍼스 실리콘 주석(a-SiSn) 등과 같은 장파장광에 감도를 갖는 태양전지를 배치한 것이다. 이 구조가 실현되면 그림 6·12에 보인 것과 같이 태양광의 넓은 파장범위를 유효하게 이용할 수 있기 때문에 변환효율의 대폭적인 향상을 기대할 수 있다. 예를 들면 필자들의 모델을 바탕으로 한 계산에 의하면, 이 3층구조에서의 이론변환효율은 24%로 계산되고 있다.

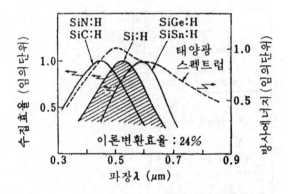

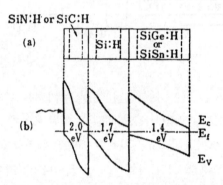

**그림 6·12** 다층 띠간격 셀구조와 띠 단면. 각층에서 다른 파장의 빛을 흡수하여 태양광의 유효이용을 시도한다.

## 한 장의 기판으로부터 높은 전압이 얻어지는 신형 아몰퍼스Si 태양전지

그러면  여기서 다시 필자가 아몰퍼스Si 태양전지와 만나게 된 그 후에 대해 얘기하겠다. 스피아교수의 논문을 읽고 아몰퍼스Si 태양전 지의 개발에 착수하였으므로, RCA의 칼슨들에게 선두를 빼았겼다는 것

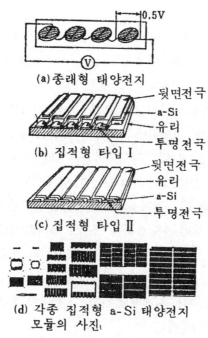

(a) 종래형 태양전지

(b) 집적형 타입 I
— 뒷면전극
— a-Si
— 유리
— 투명전극

(c) 집적형 타입 II
— 뒷면전극
— 유리
— a-Si
— 투명전극

(d) 각종 집적형 a-Si 태양전지 모듈의 사진

**그림 6·13** 집적형 a-Si태양전지의 구조. 집적형 타입 I 에서는 유리기판의 끝부분에서, 타입 II 에서는 셀의 경계에서 접속되어 있다.

을 제5장에서 얘기하였다. 그 후 우리에게 태양전지가 만들어지지 않는 원인을 나는 필사적으로 찾았다. 그것은 별것이 아니었다. 10년 전에 낡은 철제선반을 개조하여 만든 유리반응로를 사용하고 있기 때문에 정밀도가 낮고 공기가 새고 있었던 것이다. 아무리 해도 좋은 성능이 나오지 않는 것은 당연했다.

그래서 나는 야마노소장에게 세 가지를 요구했다. 「돈을 주십시오. 사람을 주십시오. 그리고 앞으로도 제가 하는 일을 끊임없이 주의깊게 관찰해 주십시오. 그러면 반드시 세계 최초의 아몰퍼스태양전지의 실용화를 해내겠습니다.」

야마노소장은 이 세 가지 요청을 들어주셨다. 돈을 들인 새로운 반응로가 움직이기 시작하였다. 그리고 태양 전지를 연구실 레벨에서 만들 수 있게 되었다. 더우기 이 태양전지는 종래의 것과 비교해서 재료는 100분의 1이하, 에너지도 10분의 1, 제조공정은 4분의 1로 된다는 것을 알게 되었다. 이것이면 되겠구나 하고 생각했다. 그러나 자세히 조사해 본즉 빛을 전기로 바꾸는 비율, 즉 변환효율이 매우 나빠 종래의 것의 4분의 1정도 밖에 되지 않았다. 앞에서도 말했듯이 싼 것이 비지떡이었다. 그때 문득 형광등의 순간점등용 칼코겐화물 아몰퍼스반도체 소자의 일이 머리 속을 스쳤다. 공장에 가지고 갔을 때, 「성능은?」 「코스트는?」 「신뢰성은?」 「이건 쓸만한 게 못돼」 라고 즉석에서 들은 말들이 생각났다. 왜 그때 실패를 했었던가? 나는 지금까지 개발자의 입장에서만 제품을 개발해 왔다. 그 때문에 독선적이 되어 있지는 않았을까-하고 깨달았다.

「그래 이번에는 사용자의 입장에 서서 생각해 보자」

즉 사용자의 마음으로 생각해 보자. 이렇게 생각하여 태양전지를 다시 검토해 보니까 한 가지 문제점에 부딪치게 되었다. 태양전지는 한 장의 기판에서 0.5V의 전압 밖에 발생하지 않는다. 보통 전기기기를 움직이는 데는 3V, 12V, 100V라듯이 높은 전압이 필요하다. 그래서 어떻게 하는가 하면 그림 6·13(a)에 보인 것과 같이 각 기판을 한장 한장 도선(lead wire)으로 연결하여 전압을 높이고 있었다. 이것을 돌이켜 보았을 때 이것으로는 절대로 안된다고 생각했다. 이것으로는 태양전지가 사용자에게 받아들여질 리가 없었다. 그래서 나는 한 장의 기판으로부터 임의의 전압을 얻을 수 있는 태양전지를 개발하였다. 이 태양전지를 이름하여 집적형 아몰퍼스Si 태양전지라고 불렀다.

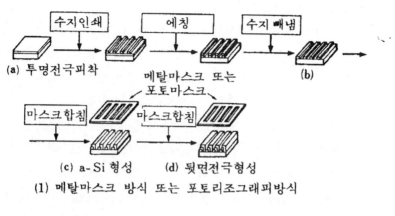

**(a) 투명전극피착**

**(c) a-Si 형성**　**(d) 뒷면전극형성**

(1) 메탈마스크 방식 또는 포토리조그래피방식

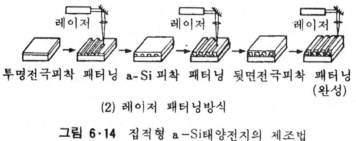

**투명전극피착 패터닝 a-Si 피착 패터닝 뒷면전극피착 패터닝**
**(완성)**

(2) 레이저 패터닝방식

**그림 6·14** 집적형 a-Si태양전지의 제조법

## 집적형 아몰퍼스Si 태양전지를 발명

집적형 아몰퍼스Si 태양전지란 어떤 것인가? 이것을 한 마디로 말하면 절연체 위에 태양전지를 직렬로 연결한 것이다.

그림 6·14(1), (2)에 보인 것과 같이, 먼저 유리기판에 분할된 투명전도막을 형성한다. 다음에는 기판을 반응로에 넣을 때 금속마스크를 씌워서 넣는다(그림 6·14(c)). 그러면 아몰퍼스 실리콘은 마스크의 구

멍이 뚫린 부분에만 퇴적된다.

다음에는 최후의 인출전극을 형성할 때, 역시 같은 금속마스크를 붙여서 금속을 증착한다(그림6・14(d)). 이 때 이 금속마스크의 형상을 잘 디자인해 두면 그림 6・13(c)에 보인 것과 같이 제1셀의 투명전도막과 다음 단계의 셀의 급속전극이 직렬로 접속된다.

이것은 마스크의 디자인에 따라서 얼마든지 직렬 또는 병렬로 태양전지셀을 접속할 수 있다. 바로 IC나 LSI와 같은 것으로 태양전지의 IC화가 이루어졌다고 하여도 되리라고 생각한다. 이런 의미에서 집적형(Integrated type)이라고 명명하였다. 이것에는 그림 6・13(b), (c)에 보인 것과 같이, 유리기판의 끝부분에서 각 셀을 접속한 구조의 타입I과 셀의 경계에서 접속한 구조의 타입II가 있다.

이 집적형 아몰퍼스Si 태양전지는 언뜻 보기에는 단지 유리기판에 복수의 태양전지를 형성한 것 같이 보이나, 실제로는 이것은 아몰퍼스Si이라는 소재를 사용하므로써 가능하게 되는 것이다. 이 점에 대해 약간의 설명을 하겠다. 이 방법은 금속마스크로 적당한 무늬뜨기(patterning)를 하는 것인데, 300 ℃의 기판온도에서 플라즈마CVD법에 의해 아몰퍼스Si을 퇴적하기 때문에 이와 같은 마스크법을 사용할 수 있다. 종래의 단결정Si과 같이 고온공정(1000 ℃ 이상)에서는 금속마스크를 사용하는 것도, 또 녹은 고온상태로부터의 석출에서는, 유리기판 위에 박막으로 Si을 형성할 수도 없다.

물성면에서부터 조금 생각해 보자. 아몰퍼스 Si 태양전지의 구조는, 이미 그림 6・8에 보인 것과 같이 박막모양의 소자이다. 집적형 구조를 부분적으로 확대한 그림을 그림 6・15(a)에 보였다. 이 그림으로부터 알 수 있듯이 타입I에서는 2개의 금속전극 사이는 n층으로 연결되어 있고, 이것이 단결정계 물질이라면 가로방향으로 큰 전류가 흘러

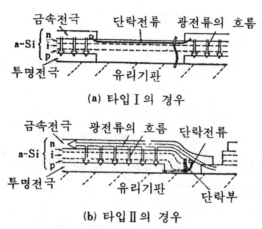

**(a) 타입 I 의 경우**

**(b) 타입 II 의 경우**

**그림 6·15** 집적형 아몰퍼스 Si 태양전지의 셀 사이의 단면도. a-Si은 단결정 Si에 비해 비교적 고저항이며, a-Si의 막두께는 매우 얇기(0.5μm정도) 때문에 가로 방향보다 세로 방향(두께 방향)으로 전류가 흐르기 쉽다.

서 직렬접속으로는 되지 않는다. 그런데 아몰퍼스 Si은 제5장의 단결정 Si과 아몰퍼스Si에서의 비교에서 말한 것과 같이, 불순물을 첨가하여 n형 또는 p형으로 바꿔도 여전히 단결정Si과 같이 저항이 낮아지지는 않는다. 즉 아몰퍼스상태에 있기 때문에 그렇게 높은 전기전도도를 나타내지 않는다. 한편 태양전지의 두께는 아몰퍼스 Si의 높은 흡수계수 때문에 약 0.5μ이다. 즉 매우 얇다. 그래서 그림6·15(a)에 보인 것과 같이 가로방향의 급속전극 사이를 전류가 흐르기보다 세로방향, 즉 두께방향으로 전류가 흐르기 쉽다. 다시 말하면 가로방향의 단락 전류(shortcircuit current)는 무시할 수 있다. 이것에 의해 직렬접속이 실현된다.

타입 II에서도 마찬가지로 그림6·15(a)에 보인 것 같이 접속부에서는 pin부분이 금속전극으로 단락되어 있다. 이 부분에서 단락전류가 흐르려고 하나 n층 및 p층의 저항이 높고 두께가 얇기 때문에 단락전류는 적고 똑같이 전류는 i층을 통해 세로방향으로 흐른다.

이와 같이 집적형 아몰퍼스Si 태양전지는 아몰퍼스Si에서 처음으로 실현된다.


## 세계 최초의 아몰퍼스Si 태양전지를 탑재한
## 태양전지 전탁의 양산화

집적형 태양전지를 책상 위에 놓고 매일 바라보고 있었다.

적을 알기 위해 종래의 단결정Si 태양전지도 입수하였다. 두 개를 놓고 비교 조사하였다. 어느날 「이상하구나!」 하고 깨닫게 하는 일이 있었다. 아몰퍼스Si 태양전지는 밤이 되면 단결정Si 태양전지보다 왜 그런지 특성이 좋아지는 것이었다. 낮에는 단결정Si 쪽이 좋았다. 변환 효율은 그 이후의 개량으로 좋아지고는 있었으나 단결정Si의 것보다 좋을 리는 없다고 나는 내 눈을 의심했다. 그러나 몇 번을 해도 밤이 되면 특성이 좋아졌다. 유령이 나오는 것일까!

자세히 조사해 본즉, 나의 책상은 창가에 있었기 때문에, 낮에는 밖으로부터 태양광을 받고, 밤에는 형광등의 빛을 받고 있었다. 아몰퍼스Si 태양전지는 그 물성으로 하여 형광등 밑에서는 종래의 단결정보다 30%나 특성이 크게 향상된다는 것을 우연히 발견한 것이다. 그 이유는 나중에야 알게 된 것이나, 아주 간단한 것이었다. 즉 플라즈마CVD법으로 형성한 아몰퍼스Si은 수소를 함유하고 있기 때문에 단결정Si의 띠 간격 1.1eV에 비해 커서, 1.7eV가 되며 그 때문에 단결정Si 태양전지의 감도피크가 장파장에 위치하는데 대해, 아몰퍼스Si 태양전지의 감도피크는 상대적으로 단파장에 위치하고 바로 가시광 영역에 있다. 형광등은 가시광의 빛을 내고 있기 때문에 아몰퍼스Si 태양전지의 감도분포와 잘 일치하여 단결정Si 태양전지보다 출력이 높아지는 것이다. 형광등이 일반적으로 설치되어 있는 사무실에서 사용되고 있는 전탁(전자식 탁상 계산기)에 이 태양전지를 응용할 수 있다고 나는 직감하였다.

곧 전탁에 우리가 발명한 집적형 아몰퍼스 태양전지를 끼워서 야마노소장에게 갖고 갔다.

「아몰퍼스 태양전지로 세계에서 최초로 전자기기를 움직였습니다」

손으로 빛을 차단하면 전탁의 표시가 꺼진다. 확실히 발전하고 있다. 야마노소장은 말했다.

「잘 해냈군. 빨리 기자회견을 하자」

1개월 후인 1975년 2월, 기자회견은 화려하게 열리고 「코스트 100분의 1」, 「실용적인 전압이 얻어지는 집적형」이라는 것으로 예상을 훨씬 넘는 반응을 얻었다. 그러나 그 석상에서 야마노소장은 엄청난 발언을 하고 말았다.

「1년 이내에 양산한다」

사실은 아직 병아리와 같은 부품이 겨우 만들어져서 이제 막 전탁이 겨우 움직이기 시작한 단계였다. 그러나 최고 책임자가 「한다!」고 선언해 버린 이상 어떻게든 하지 않으면 안되었다. 「큰일 났다!」라는 것이 솔직한 심정이었다. 넘겨 짚은 견해일지 모르나 어쩌면 이것이 야마노소장의 작전이었을지도 모른다. 우리는 밤낮을 가리지 않고 휴일도 없이 양산 준비에 매달렸다.

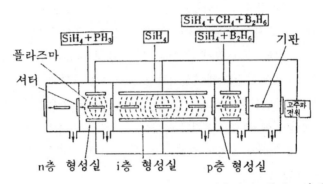

**그림 6·16** 아몰퍼스Si 태양전지 연속분리 플라즈마제조
법. p. i. n의 각층이 별개의 반응실에서 연속 형성되기
때문에 불순물의 혼입이 적다.

풀라즈마 반응에 의한

아몰퍼스Si 태양전지 연속분리 형성법

 양산의 경험도 없었고 참고로 할 수 있는 모델도 세계 어느 곳에도
없었다. RCA가 발표한 것은 2mm각의 태양전지이며, 도저히 공업적으
로 큰 면적의 것을 만드는 기술은 없었다. 그런 가운데서 나는 먼저 현
재 갖고 있는 반응로를 대형화하기로 했다. 일단 지금보다 5배 정도 크
기의 장치를 만들어 반응을 시작하여 보았다. 그런데, 어떤 때는 그만
그만한 성능이었으나, 어떤 때는 전혀 형편없는 즉 재현성이 없다는 것
을 알았다. 이것으로는 양산화가 도저히 무리였다. 원인을 추구하느라
시간만 소비되어 나는 초조감을 느꼈다. 반응로를 자세히 조사하여 미
반응물질의 가루가 반응로의 하부에 먼지처럼 괴어있는 것을 찾아냈다.
 「이것이다!」
 태양전지를 만들 때, 다른 성질의 막(p형과 n형)을 1개의 반응로에

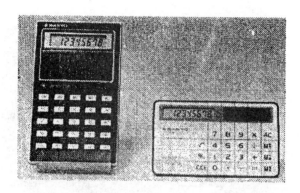

그림 6·17  아몰퍼스Si 태양전지(왼쪽은 세계에서 최초로
실용화된 아몰퍼스Si 태양전지 탁상계산기. 오른쪽은
최신 아몰퍼스Si 태양전지 내장 카드계산기)

서 연달아 만들고 있었기 때문에, 먼저 번 반응에서 생긴 미반응물질이
남아 있었던 것이다. 다음 번의 반응 때, 이것이 섞여들어가 결과적으
로 태양 전지의 특성을 저하시키고 있었던 것이다. 그래서 각각의 막을
다른 방에서 만들어 태양전지를 연속적으로 형성하는 「연속 분리형성
플라즈마반응법」 이라고 명명한 새 방식을 고안하였다(그림 6 · 16).

그 밖에도 몇 가지 곤란이 있었으나 당시의 상사 나가타부장(현재
응용기술연구소장), 응용기술연구소의 당시의 책임자였던 다카하시부
장(현재 주본 사업본부 아몰톤부 부장)과 이마이부장(현재 동 아몰톤
부 기술과장) 등과 함께 이것들을 극복하여 1980년 5월, 야마노소장이
기자에게 약속한 것보다 3개월 늦게 양산화에 돌입할 수 있었다.

1980년 9월, 「CX-1」 이라는 상품번호를 새겨 그림 6 · 17에 보
인 것과 같은 집적형 아몰퍼스 태양전지를 「아몰톤」 이라고 이름붙여
이것을 탑재한 전탁을 세상에 내놓았다. 아몰퍼스 실리콘재료의 세계
최초의 실용화이자 또 아몰퍼스 실리콘 태양전지의 세계 최초의 실용

**그림 6·18** 집적형 아몰퍼스Si 태양전지 내장의 각종 응용
기기

화이기도 하였다.

산요전기가 발매한 태양전지 전탁은 「전지의 교환이 불필요」,
「태양전지라는 신기성」 등이 인기를 모아, 그 후는 많은 전탁 메이커
에도 채용되어 현재 많은 전탁이 태양전지화되고 있다. 1983년, 광(빛)
산업협회의 통계에 의하면 아몰퍼스 태양전지는 전일본의 태양전지 생
산량의 약 70%에 달하고 있다.


이미 일렉트로닉스제품으로서
아몰퍼스Si 태양전지는 우리 주변에

일반 전력용 전원으로는 아직 개발 중에 있는 태양 전지도, 전자공
업용으로는 현재 실용화가 진행되고 있다. 앞에서 설명한 「아몰톤전

탁」은 전탁이 보통 밝은 곳에서 밖에 사용되지 않는다는 필요(need)와 동기(seed)가 일치한 사용방법으로, 태양전지를 전자공업에 응용한 것으로는 참으로 "멋지게 어울린" 응용이다. 그 후 손목시계, 탁상시계, 라디오, 태양광 충전기, 자동차용 배터리 충전기 등 그림 6·18에 보인 것과 같이 많은 아몰퍼스Si 태양전지의 응용제품이 실용화 되어가고 있다. 이와 같이 전자공업용으로의 응용을 통해서 그 성능, 신뢰성의 확보와 양산성의 향상이 꾀하여지고 이것을 바탕으로 이윽고는 전력용 전원으로서의 실용화도 계획되고 있다.

## 가정용 전원을 아몰퍼스Si 태양전지로 대치한다면

아몰퍼스Si 태양전지는 이상에서 설명한 것과 같이 재료도 적게 들고, 생산에너지도 적으며 또 집적형 구조와 같이 대면적에서 높은 전압이 나오는 태양전지가 실현된다는 것을 알았으리라고 생각한다. 현재는 아직 변환효율이 낮기 때문에 일본에서는 선샤인계획에 바탕하여 1984년부터 신에너지 종합개발기구(NEDO)에서도 전력용 아몰퍼스Si 태양전지의 연구개발을 추진하게 되어, 변환효율의 향상, 고능률 제조, 대면적화와 신뢰성의 향상 등을 향한 노력을 경주하고 있으나, 하나의 목표인 모듈 변환효율이 10%가 된다고 하면 어떤 일이 우리 주위에서 일어날까를 생각하여 보자.

일반 가정은 1개월당 200kWh의 전력을 사용하고 있다. 맑은 날의 태양광의 에너지는 약 $1kW/m^2$이며, 일본에서의 이 에너지량의 평균 일조시간은 하루당 3.84 시간이다. 이 태양광의 에너지를 변환효율 10%인 태양전지를 사용하여 광전변환을 시켜 일단 축전지에 축적하

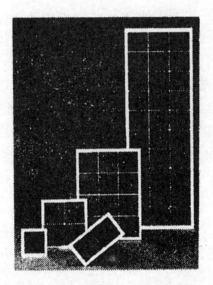

**그림 6·19** 각종 전력용 a-Si태양전지 모듈

고, 필요에 따라 전력으로서 이용하는 경우, 전지의 충방전 효율 등을 70%로 보면, 사용가능한 전력량은 1일 1m² 당 3.84 〔h〕 ×1 〔kW/m²〕 ×0.1×0.7 = 0.27 〔kWh/m²〕 이 된다. 즉 일반 가정의 전력을 충당하는데 필요한 수광(빛을 받는) 면적은

$$\frac{200/30[\text{kwh}]}{0.27[\text{kwh/m}^2]} = 24.7\text{m}^2$$

이다. 즉 약 25m²이 되며, 예비면적을 20%로 보아도 약 30m²이면 된다. 앞으로 일본의 선샤인계획과 같이 1W당 100엔의 태양전지가 만들어진다면, 30만엔 정도로 가정용 태양전지를 손에 넣을 수 있으며, 여기에 제어시스템으로서 30만엔을 더 보태어도 합계 60만엔 정도로 가정용 자가반전시스템이 손에 들어오게 된다. 그림 6·19에 각종 전력용 a-Si 태양전지 모듈을 보여두었다.

**그림 6·20** 아몰퍼스 Si 태양전지 모듈을 설치한 실용화 모델주택 (산요전기제공)

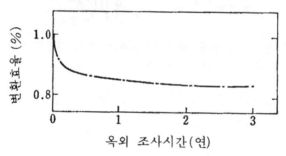

옥외 조사시간(연)

**그림 6·21** 전력용 a-Si태양전지 모듈출력특성의 경시변화

그림 6·20은 산요전기가 1982년에 오사카부 모리구치시의 개인 주택에 설치한 모델용 실험플랜트이다. 이것은 아몰퍼스Si 태양전지를 설치한 것으로는 세계 최초의 것이며, 옥상이나 처마에 태양전지 모듈을 설치하여 약 2kW의 전력을 얻고 있다. 그림 6·21에 아몰퍼스 태양전지의 장기 특성변화를 보였다. 초기 단계에서 약 10%의 출력저하가 관측된다. 이것은 a-Si박막에서의 특유한 광구조 변화에 의한 것으로 생각되며 발견자의 이름을 따서 스태블러 론스키(Staebler-Wronski)효과(S-W 효과)라 불리고 있다.

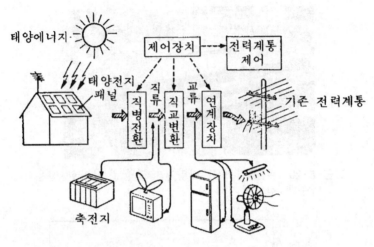

**그림 6·22** 태양광 발전시스팀의 일반적 시스팀구성. 서로 보충하여 필요전력을 공급한다.

이 원인으로는 불순물설과 스트레스설이 논의되고 있어 해결방향이 제시되고 있다.


## 아몰퍼스Si 태양전지시대가 가깝다

석유를 비롯한 이른바 화석연료는 머지 않아 고갈될 것이다. 태양에너지는 무한하다. 이것으로부터 직접 전기를 값싸게 끌어낸다는 것은 인류의 꿈이다.

현재 전개되고 있는 태양전지의 저코스트화, 고효율화의 상태로부터 생각하면, 그리 머지 않은 장래에 일본에서도 아몰퍼스Si 태양전지를 전력용 발전원으로서 사용하는 시대가 오게 될 것이다.

현재, 일본의 총전력수요는 1980년도에서 연간 평균 약 6000만kW 이다. 이것을 앞에서 가정한 발전조건 아래서 태양전지로 충당할 경우, 같은 계산에 의해 5400km²의 넓이가 필요하다. 이것은 일본 시고쿠의 약 1/3의 면적에 해당한다. 미국, 일본(선샤인계획)에서 생각하고 있는 시스템은 그림 6·22에 보인 것 같이, 각 가정에서 발전한 전력 중 낮의 잉여전력을 일반 전력계통을 통해서 공장전력용으로 공급하고 수력, 화력발전 등과 합쳐서 피크전력을 처리하고, 밤에는 각 가정에 공장에서 사용하지 않는 잉여수력, 화력전력을 공급하는 식으로, 일반 전력계통과 서로 전력을 주고 받으면서 필요전력을 조달하는 시스템도 생각되고 있다. 이와 같은 시대가 가까운 장래에 오게 될 것이다.


## 아몰퍼스 Si(a-Si) 태양전지의 장래는?

a-Si 태양전지의 최근의 발전은 눈부시다. 많은 기관에서 연구개발이 이루어지고 있다. 그 중에서도 저 코스트화와 그 변환효율의 개선에 힘을 쏟고 있다. 변환효율에 대해서는 그림 6·10에 보인 것과 같이 소면적에서 11% 이상, 대면적(100cm²)에서 9%를 넘는 것이 얻어졌으나, 일본의 선샤인계획이나 미국 에너지성의 계획에서는 더욱 높은 12~15%의 목표값이 세워져 있고, 1990~2000 년경까지는 사방 10cm에서 10% 이상의 아몰퍼스 태양전지도 생산되어 태양광 발전은 보급기에 들어갈 것으로 생각된다.

## (6 · 2) 수명 10 배의 복사기계로의 응용

아몰퍼스물질로서 최초로 공업화된 것은 제1장에서 설명했듯이, 1950년에 복사기의 감광드럼에 사용된 아몰퍼스 셀렌을 들 수 있다. 이후 보통 종이복사기(PPC)의 감광드럼재료로서 아몰퍼스 셀렌이 주로 사용되어 왔다. 또 최근에는 아몰퍼스Si을 이용한 고감도이며 수명이 긴 감광드럼이 복사기와 프린터에 탑재되어 실용화되고 있으며, 태양전지용 재료와 함께 또 하나의 a-Si재료의 응용분야로서 a-Si감광드럼이 기대되고 있다.


### 복사기의 원리

최근에는 값싼 복사기가 등장하여 복사기가 우리와 친밀하게 되었다. 여기서는 복사기의 원리에 대해 약간 설명하겠다.

복사기에 가장 많이 사용되고 있는 전자사진 프로세스는 칼슨(Carlson)법이라고 불리는 것으로 그림6 · 23에 그 기본공정을 보였다. 즉, 복사하려는 원고를 복사대에 세트하여 스타트단추를 누르면 ①감광드럼이 회전하기 시작하여 코로나방전(corona discharge)에 의해 중심부의 감광드럼의 표면이 대전된다. ②원고에 빛이 닿아 그 상이 감광드럼에 투영된다. 원고의 흰부분은 빛의 반사가 많아 빛이 다량으로 감광드럼에 투영된다. 아몰퍼스 감광드럼은 빛이 입사되면 전기전도도가 증가하고, 결과적으로 대전된 전하가 없어진다. 원고의 검은 부분은 빛의 반사가 없기 때문에 전하가 남는다. 즉 원고의 상이 전하상으로서

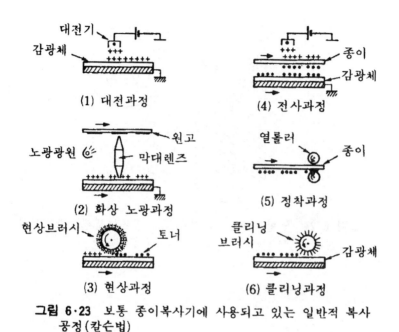

**그림 6·23** 보통 종이복사기에 사용되고 있는 일반적 복사 공정(칼슨법)

드럼 위에 전사된다. ③검은 토너(toner: 가루)를 정전인력에 의해 드럼의 대전부분에 부착시켜 가시상화(눈으로 볼수 있게) 한다. ④그런 다음에 보통 종이를 끌어들여, 검은 토너가 묻은 드럼과 접촉시켜 토너상을 보통 종이에 전사한다. ⑤토너를 가열 또는 압착에 의해 종이에 정착시킨다. ⑥드럼 표면에 남아있는 토너 및 전하를 제거한다. 이리하여 복사 된 종이가 복사기로부터 나온다.

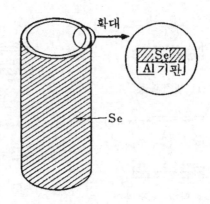

**그림 6·24** 일반 복사기에 사용되고 있는 셀렌감광드럼의 구조

## 아몰퍼스 셀렌 감광드럼

아몰퍼스 감광드럼은 앞에서 설명한 것과 같이 복사기에서는 매우 중요한 역할을 하는 부품이며, 그 재료로서 아몰퍼스물질이 사용되고 있다. 여기서는 먼저 예로부터 사용되고 있는 이몰퍼스 셀렌계 감광드럼에 대해 설명하겠다.

아몰퍼스 셀렌 감광드럼의 구조를 그림 6·24에 보였다. 보통 두께 2~3mm의 Mg, Mn 등을 함유하는 알루미늄합금으로써 된 파이프를 본관으로 사용한다. 셀렌 감광층의 제조법은 제4장의 제조법에서 설명한 진공증착법이고, 셀렌합금을 증착원으로 사용하여 수십 $\mu$m의 두께로 막을 형성한다.

아몰퍼스 셀렌 감광드럼에 빛이 닿지 않을 때의 막의 저항은 $10^{15}$ $\Omega$cm로 높기 때문에 코로나방전에 의해 쉽게 드럼 표면에 전하를 대전시킬 수가 있다. 한편, 아몰퍼스 셀렌에 빛이 조사되었을 때의 저항은 낮아져서 표면의 전하를 없앨 수가 있다.

아몰퍼스 셀렌 감광드럼의 광감도는 ASA표시로써 나타내면 1~10 정도이다. 아몰퍼스 셀렌 감광드럼은 재료로 대별하면 순셀렌계, 셀렌텔루르계, 셀렌비소계의 세 종류가 있다. 이 중에서 순셀렌계 감광드럼은 제록스(Xerox)사의 초기 복사기로 사용되었으나 저감도이며 청색의 재현성이 나쁘다는 등의 이유로 현재는 거의 사용되지 않게 되었고 셀렌텔루르계로 바뀌어지고 있다.

이 셀렌텔루르계 감광드럼은 셀렌에 텔루르를 7~20%정도 첨가한 합금계로써 되어 있고 감도가 좋기 때문에, 복사기용 셀렌 감광드럼의 대부분이 이 타입으로 되어 있다.

이 아몰퍼스 셀렌 감광드럼의 문제는 열안정성이 낮고, 60 ℃ 이상에서 대전전위가 급감하며, 막이 결정화되어 사용불능이 되는 점을 들수 있다. 또, 뒤에서 설명하듯이 아몰퍼스 셀렌계의 감광드럼은 기계적 강도가 약해서 드럼의 수명이 대개 3~5만회의 복사 횟수라고 한다. 독자들 중에는 복사기에 종이가 막힌다거나, 기계 조작을 잘못하여 감광드럼에 홈이 생겨 복사품질이 나빠진다거나 하는 경험을 한 사람들이 있을지도 모르나, 이것은 아몰퍼스 셀렌 감광드럼의 기계적 강도가 약한 것에 기인하고 있다.


## 수명이 약 10배인 아몰퍼스Si 감광드럼

최근에 등장한 감광드럼에 아몰퍼스Si(a-Si) 감광드럼이 있다. 이것은 앞에서 설명한 아몰퍼스 셀렌계의 결점인 내열성과 기계적 강도에

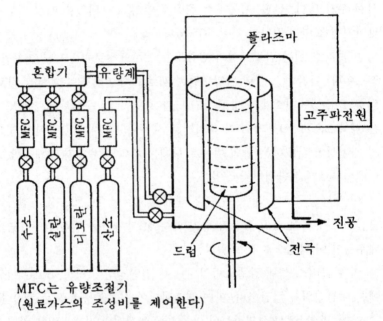

혼합기 유량계

플라즈마

고주파전원

MFC MFC MFC MFC

수소 실란 디보란 산소

진공

드럼 전극

MFC는 유량조절기
(원료가스의 조성비를 제어한다)

**그림 6·25  플라즈마CVD법에 의한 a-Si감광드럼의  형성**

대해 매우 우수한 특성을 갖고 있다. 이 분야에서도 일본의 연구는 세계를 리드하여 왔다. 오사카대학 오카와무라교수와 도쿄공업대학 시미즈교수들의 연구가 있다. a-Si감광드럼의 제조법은 보통 플라즈마 CVD법으로 원통형 알루미늄 기판 위에 형성된다. 그림 6·25에 제조장치의 한 예를 보였다. a-Si태양전지의 제작조건과 비교해서 고주파의 입력파워가 크고 성막 속도가 큰 점이 특징이다.

또 a-Si감광드럼의 막두께는 10~30 $\mu$m이며 아몰퍼스 셀렌 감광드럼에 비해 막두께가 얇아서 밑바탕 기판의 표면상태에 따라 큰 영향을 받기 때문에, 기판 표면의 거칠기를 0.1 $\mu$m 이하로 엄격히 끝마무리할 필요가 있다.

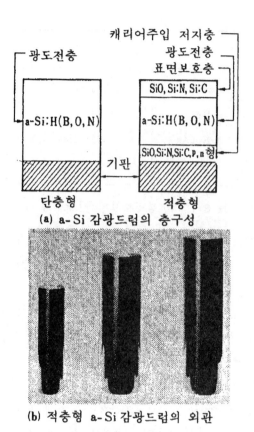

(a) a- Si 감광드럼의 층구성

(b) 적층형 a-Si 감광드럼의 외관

**그림 6·26** a -Si감광드럼. 보통은 적층형 구조의 감광드
럼이 사용되고 있다.

a-Si 감광드럼의 장치구조는 단층형과 적층형의 두 가지로 크게 분
류된다. 그림 6·26(a)에 각각의 층구성을 보였다. 이 중에서 현재 실
용화되고 있는 감광드럼의 구조는 적층형이다. 적층형 a-Si 감광드럼
의 외관을 그림(b)에 보였다.

적층형 감광드럼은 기본적으로 진성 a-Si막을 감광층으로 하고, 기

| 재료 | 비커스강도<br>(kg/mm$^2$) |
|---|---|
| a-Si | 1,500~2,000 |
| a-Se | 30 |
| a-Se(As) | 30~150 |
| a-Se(Te) | 30~ 60 |

표 6·1 각 감광재료의 기계강도

판과의 계면에 저지층을 만들어서 대전성을 향상시킨 저지형 구조를 갖고 있다. 또 표면에 감광층을 보호하기 위한 표면층을 만든 3층구조를 채용한 다층구조가 일반적이다.

특징적인 a-Si 감광드럼의 물성으로는 내열성과 기계적 강도를 들 수 있다. 아몰퍼스 셀렌 감광드럼은 60 ℃ 이상에서 결정화에 의한 파괴가 생기기 때문에 방열에 대한 장치설계가 필요하다. 한편, a-Si 감광드럼은 내열성이 우수하여 20~300 ℃의 내열성을 갖고 있다. 또 표면경도는 표 6·1에 보인 것과 같이 셀렌에 비해 10배 이상이나 단단하고, 흠이 생기지 않기 때문에 내쇄성이 좋고 수명이 긴 감광드럼이 실현될 수 있다.

이 a-Si감광드럼의 강한 기계적 강도는, 사실 그 분자결합에 기인하고 있다. 그것은 a-Si이 4배위구조에 기인한 3차원 망목구조의 분자결합, 즉 그물코와 같이 원자가 결합하여 있는 것에 대해 아몰퍼스셀렌은 선모양의 고분자구조, 즉 선모양으로 가로방향의 결합이 약한 구조를 갖고 있다. 즉 이 결합상태의 차이에 의해, 보다 강한 결합을 하고 있는 a-Si 쪽이 기계적으로나 화학적으로도 안정하다. 감광드럼의 중요한 물

| 항목 | a-Si:H | a-Se |
|---|---|---|
| 구조 · 전자상태 | 3차원 망목구조 | 선상 고분자 |
| 내열성 (°C) | 300 | 50 |
| 금지띠폭 (eV) | 1.6 | 2.0 |
| 도전율 (Ω⁻¹cm⁻¹)300K | $10^{-11}$ 이하 | $10^{-14} \sim 10^{-16}$ |
| 캐리어범위 (cm²/V) | | |
| 전자 | $10^{-6}$ | $2 \times 10^{-7}$ |
| 정공 | $10^{-7} \sim 10^{-8}$ | $6 \times 10^{-4}$ |

**표 6·2  a-Si : H와 a-Se의 특성비교**

성으로서 막구조나 내열성 이외에 도전율($\sigma$ dark), 금지띠(forbidden band) 폭, 운반자범위 〔carrier-range, $\mu\tau$, $\mu$ : 전자 또는 정공의 이동도(cm² V⁻¹ sec⁻¹), $\tau$ ; 전자 또는 정공의 수명(sec)〕 등이 있으며 표6·2에 수소화 a-Si과 아몰퍼스 셀렌의 값을 보여두었다.

a-Si 감광드럼과 다른 감광드럼의 분광감도특성을 비교하여 그림 6·27에 보였다. a-Si 감광드럼은 전 파장에 걸치며, 높은 감도를 가지고 있으며 특히 장파장 강도가 아몰퍼스 셀렌 감광드럼에 비해 우수하다.

a-Si 감광드럼의 문제점으로서는 현재, 다른 감광드럼에 비해 제조 코스트가 높다는 것을 들 수 있다. 이 점에 대해서는 a-Si 감광드럼을 보다 고속으로 더구나 능률적으로 제조하는 기술이 확립되어 가고 있다.

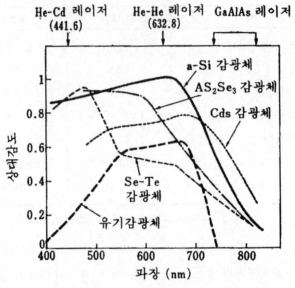

그림 6·27 각종 감광드럼의 분광감도

## 최근의 응용

a-Si 감광드럼이 고감도이고 내구성도 우수하며 수명이 길다는 사실로부터 인텔리전트(intelligent: 지능) 복사기와 프린터에 응용되고 있으며 이미 발매되고 있다.

또 기록용 광원으로서 LED 배열이나 반도체 레이저를 사용한 LED 프린터와 레이저PPC(보통용지 복사기)로의 응용도 보고되고 있다. 그림 6·28에 최근 필자들에 의해 개발된 LED프린터의 외관을 보였다. 이것은 수명이 길고 소형화된 a-Si감광드럼을 탑재한 프린터로, 앞으로의 아몰퍼스Si 감광드럼의 방향을 가리키는 것이라고 생각된다.

전자사진기술은 아직 40년 정도의 역사이나, 그 중심적 기술로서

**그림 6·28 a-Si감광드럼을 탑재한 LED프린터의 외관**

감광재료의 개발이 진전되어 왔다. 그 중에서도 아몰퍼스 셀렌은 30년 이상에 걸쳐 그 핵심적 역할을 해왔으나, 최근에는 아몰퍼스Si이 고감도, 수명이 긴 감광재료로서 주목되고 있다. 그리고 앞으로 태양전지와 함께 감광재료로서도 이 아몰퍼스Si의 발전이 기대된다.


## (6 · 3) 12색 이상을 식별하는 센서 등으로의 응용

앞에서 설명한 감광체 드럼 이외에 아몰퍼스반도체는 광장치 (devise)로서 수 많은 응용이 이루어지고 있다. 특히 광센서는 현재 로보트 등의 산업기기, OA기기의 발달과 더불어 이용범위가 급속히 확대되고 있다. 여기서는 아몰퍼스Si의 특징을 살린 광센서, 컬러센서, 그리고 아몰퍼스Si의 대면적화의 용이성을 살린 팩시밀리용 이미지센서, 또 아몰퍼스Si의 높은 신뢰성을 살린 촬상관 타게트에 대해 소개하겠다.

## 12색 이상의 색깔을 식별하는 컬러 센서

아몰퍼스Si(a-Si)을 사용한 새로운 각종 광센서가 개발되었다. 이것은 a-Si이 사람의 눈의 시감도와 같은 감도분포를 갖고 있다든가 컬러 센서에 적합한 구조를 갖고 있기 때문이며, 종래의 단결정계 센서에는 없는 특징을 갖고 등장하기 시작하였다.

### 아몰퍼스Si 광센서

a-Si이 태양전지로서 이용되고 있다는 것은 이미 설명하였다. 여기서는 전기에너지로 변환된 광에너시에 대해 약간 생각해 보기로 하자. 우리는 일상 「빛」이라고 부를 때 무의식 중에 자신의 눈으로 볼 수 있는 파장 대의 영역만을 생각하는 경우가 많다. 그렇지만 빛, 즉 전자기파는 매우 넓은 파장영역을 갖고 있는데 대해, 인간의 눈이 빛으로서 인식할 수 있는 영역은 매우 좁다. 이것과 같은 것이 반도체를 사용한 광센서에 대해서도 적용될 수 있다. 즉 반도체마다 그 고유의 물성으로부터 생기는 감도파장의 「장기」로 삼는 영역이 있다.

「장기」로 삼는 파장영역은 반도체의 가전자대와 전도대의 띠간격에 기인하며, 이것이 넓은 것은 단파장쪽에 감도피크를 갖고 있는데 대해, 좁은 경우는 장파장 쪽으로 피크가 옮겨진다. 플라즈마CVD법으로 형성한 a-Si 중에는 앞에서 설명했듯이 수소가 함유되어 있어, 이 때문에 단결정Si의 띠간격($1.1eV$)에 비해 수소화된 a-Si 띠간격은 $1.7eV$로 크며, 바로 광흡수피크가 가시광역이 된다.

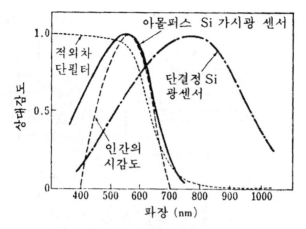

**그림 6·29** a-Si광센서와 단결정Si센서의 분광감도. 동시에 인간의 시감도 등의 특성도 나타냈다.

한편 단결정Si의 파장감도는, 그 띠간격이 작기 때문에, 이보다도 장파장인 적외선 영역에 피크감도가 있다. 그림 6 · 29에 각각의 감도 영역을 보였다. 즉 a-Si은 가시광 센서로서 가장 적합한 성질을 갖고 있다고 말할 수 있다. 그래서 필자들은 a-Si가시광 센서를 개발하였다.

그림6 · 30에 a-Si을 사용한 가시광센서와 비교를 위한 종래의 단결정Si으로 된 광센서를 보였다. 먼저 단결정Si을 살펴보자. (b)에 보인 것과 같이 칩(chip) 모양으로 가공된 pn접합으로 이루어지는 단결정Si은 패키지(package) 속에 들어가 있고, 외부와 연결하기 위해 리드핀 (lead-pin)을 뒷면 전극에, 또 투광성 전극과는 와이어로 각각 접촉되어 있다. 또 단결정Si은 앞에서 말한 감도피크가 장파장쪽에 있기 때문에 인간의 시감도와 맞추기 위해 값비싼 적외선 차단필터를 표면에 봉입한 복잡한 구조로 되어 있다.

한편 a-Si으로 된 가시광센서는 기판이 되는 유리 위에 투명도전막,

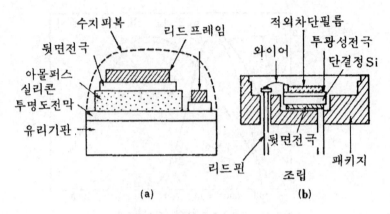

**그림 6·30 광센서의 구조 단면도**

a-Si막, 뒷면 전극을 차례로 적층하고, 리드선을 연결한 후 수지피복을 하여 완성하는 매우 간단한 구조로 되어 있다.

a-Si광센서의 특징을 정리하면

(1) 센서 본체의 a-Si이 종래의 단결정Si의 형성공정에 비해 매우 간단한 공정으로 형성할 수 있다.

(2) 두께는 약 $0.5\,\mu\mathrm{m}$로 종래의 $300\,\mu\mathrm{m}$에 비해 매우 얇게 할 수 있다.

(3) 감도영역이 인간의 시감도와 잘 일치하기 때문에 단결정Si의 경우에 필요로 하는 적외선 차단필터가 불필요하다.

(4) 유리기판 위에 직접 a-Si을 형성할 수 있으며, 그 기판이 빛이 투과하는 쪽의 보호판으로서 사용할 수 있다.

(5) 리드프레임(lead frame : 겨냥틀)으로 센서부를 고정할 수 있기 때문에 종래와 같은 와이어결합(wire bonding)을 할 필요가 없고, 조립공정이 간략화될 수 있다.

(6) 보호층으로서 뒷면에 수지피복막을 하기만 하면 된다.

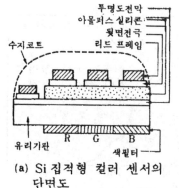

(a) Si 집적형 컬러 센서의 단면도

(b) a-Si 광 센서(왼쪽으로부터 집적형 컬러 센서, 단색 컬러 센서 적·녹·청, 가시광센서)

그림 6·31 a-Si광센서

이와 같이 a-Si 광센서는 간단하기 때문에 코스트의 절감과 높은 신뢰성이 실현될 수 있다.

이 센서는 예를 들면 컬러TV의 자동휘도(brightness) 조절용으로 실용화되고 있어, 바로 인간의 눈과 같은 일을 할 수 있는 것이다.


## 컬러센서

우리는 일상생활에서 별로 의식하지 않으나, 그러나 중요한 신호로서 「색」 정보가 있다. 색깔은 교통표지나 위험물 등 사람의 주의를 환기시키는 이외에, 4계절마다 자연의 색깔 등 인간에게 감정의 깊이와 정서를 주는 매우 중요한 것이다.

이 색깔을 식별하는 센서가 a-Si으로 실용화되었다. 지금까지 단결정Si으로 컬러센서가 제작되고 있으나, 그 특성 및 코스트는 불충분하다고 말하지 않을 수 없었다.

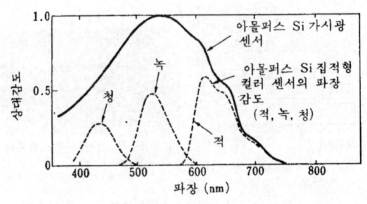

**그림 6·32** a-Si가시광센서와 a-Si집적형 컬러 센서의 파장감도

그림6·31에 a-Si 집적형 컬러센서의 단면도와 외판을 보였다. a-Si이 색식별에 적합한 이유는, 앞에서도 말했듯이 이 소재의 파장에 대한 감도가 인간의 눈의 감도(시감도, 약 400~700nm)와 매우 잘 일치하고 있기 때문이다.

그림6·32에 각각의 분광감도를 보였다. 구조는 그림6·31에서 알 수 있듯이 투명전극과 a-Si은 일체형으로 되어 있고, 뒷면 전극만이 분할된 간단한 구조이다. 또 광입사쪽에 3원색인 적, 녹, 청의 필터를 접착하고 있다. 독자들은 인간이 인식할 수 있는 자연계의 색깔이 적, 녹, 청의 3원색을 기본으로 하여 그 색깔의 혼합비율로써 중간색을 식별하고 있다는 것을 상기하여 주기 바란다.

어떤 색깔의 빛이 이 센서에 입사하면 앞면에 형성된 필터에 의해 그 빛속에 함유되어 있는 적, 녹, 청의 성분이 분리된다. 필터를 통과한 빛은 각각 분리되어 3개의 수광부에 도달하여 그 빛의 강도에 대응하여 출력을 낸다. 이 강도비에 따라서 입사광의 색깔이 판단된다. 현재

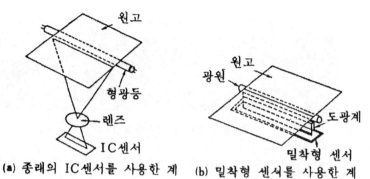

**(a)** 종래의 IC센서를 사용한 계  **(b)** 밀착형 센서를 사용한 계

**그림 6·33** 각종 이미지 센서를 사용한 광전변환계. 밀착형 센서를 사용하는 경우 광학계가 밀집되어 장치가 소형화된다.

는 12색 이상의 색깔이 재현성 좋게 식별되며, VTR 카메라용 화이트 밸런스와 컬러코드, 섬유 등의 색식별에 실용화되고 있다.

## 이미지센서(영상감지기)

a-Si은 플라즈마반응이라는 형성법으로써 얻어지기 때문에, 종래의 단결정에서는 형성이 곤란한 대면적 소자를 제작할 수 있다. 이 특징은 이미 앞에서 설명한 태양전지에서 크게 활용되고 있으나 센싱디바이스 (sensing device: 감지장치)에도 매우 중요하다. 그 한 예로서 이미지센서로의 응용을 소개하겠다. 그림6·33은 종래의 이미지센서와 현재 활발하게 연구개발이 되고 있는, 밀착형 이미지센서와 장치도이다.

이미지센서란 팩시밀리(fascimile) 등으로 대표되는 문자, 화상을 판독하는 센서로, 종래 그 크기는 약 30~40mm로 짧은 것이었다. 따라

그림 6·34  a-Si선센서 (부분)

서, A4나 B4의 원고를 복사하기 위해서는 렌즈를 사용하여 센서에 축소시켜서 투영하지 않으면 안되었다. 그 결과 렌즈의 사용에 따른 코스트 상승과 장치의 대형화를 피할 수 없었다. 이 문제를 해결하기 위해서는 센서의 크기를 원고와 같게 해야 한다. 이것에 대응할 수 있는 반도체가 a-Si이다. a-Si은 대면적으로 형성할 수 있고, 또 IC의 제조기술에서 사용되는 감광성 내식막(photoresist)공정을 사용할 수 있기 때문에 마이크론 단위의 패터닝(patterning: 무늬새김)이 가능하며, 1mm 길이당 센싱소자 16개를 배열하는 미세가공도 할 수 있다. 그림 6·34에 a-Si 라인센서(line sensor)의 사진을 보였다.

이미지센서로서는 앞에서 설명한 라인센서 이외에 면적센서(area sensor) 등의 개발도 이루어지고 있다.

### 광도전형 타게트

a-Si은 다결정질에서와 같은 업계에 의한 광산란의 문제가 없고 가시광 영역에서 고감도라는 특정을 살려서 광도전형 촬상관의 수광막(광도전형 타게트)으로 응용하는 연구가 진행되고 있다. 촬상관이란 컬러 비디오 카메라에 내장된 광전변환장치로서, 그림6·35에 그 원리도

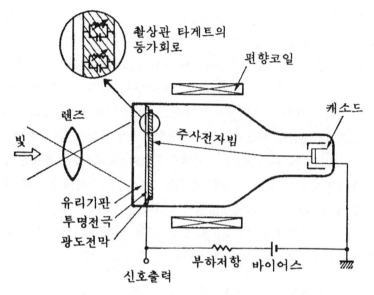

**그림 6·35  광도전형 촬상관의 블록 다이어그램**

를 보였다. 이하에서 간단히 동작원리를 설명하겠다.

먼저 투명전극을 플러스전위로 바이어스(bias)하고 전자빔(beam)으로 타게트 위를 주사(scattering)한다. 이 결과 광도전막 위에 균일한 마이너스전하가 형성된다. 여기에 빛이 입사되면 그 부분의 광도전막의 저항이 낮아지고 표면의 마이너스전하가 감소한다. 이 양은 광 강도에 의존한다. 다음 번의 주사에서 다시 균일한 마이너스전하상태로 되돌아 오는데 필요한 전자빔량이 부하 저항을 통해서 화상 신호로서 판독된다. 이 판독 방법은 주사프레임(frame) 시간의 광상(빛의 모양)을 전하의 패턴으로 변환시켜 축적하는 축적형 수광장치이다.

제1장에서 설명한 히타치의 마루야마씨가 개발한 Se-As-Te계 칼코겐화물 반도체로써 된 촬상관(vidicon, 상품명 「사치콘」)이 널리

이용되고 있으나, a- Si을 촬상관의 타게트로 사용하는 방법도 시도 되고 있다. 이 경우 전기특성으로서 타게트에는 광도전막으로서 광전 변환효율이 높고 또 암전류(dark current)가 1~2nA 이하로 작아야만 된다. 또 축적용량으로는 약 1000pF정도가 바람직하며, 그 이상에서 는 잔상이 생긴다. a-Si막에서는 타게트구조에 필요한 적층(blocking l ayer)으로서 n층을 이용하거나 a-Si막형성법과 마찬가지로 제작할 수 있는 a-SiN막이나 a-SiC막, 스퍼터법에 의한 $SiO_2$막을 이용하는 방법 이 행하여지고 있다. a-Si타게트는 도금이나 강한 입사광에 의한 상의 번짐(blooming)이 적고 내열성이 우수하다는 사실이 확인되고 있으며, 현재는 국재준위에 트랩(trap)된 캐리어(운반자)가 시간적으로 늦게 나 오기 때문에 생기는 잔상에 대한 연구가 진행되고 있다.


### (6 · 4) 극박형 벽걸이TV로의 응용

지금까지는 아몰퍼스반도체 특히 a-Si막에 의한 장치들의 광전변 환기능을 이용한 것에 대해 설명하여 왔다. a-Si막은 확실히 광전소 자로서 우수하나, 이 밖에도 예를 들면 트랜지스터나 CCD(Charge Coupled Device 전하결합장치) 등과 같은 능동소자로서도 충분히 이 용할 수 있는 특징을 갖추고 있다. 이 절에서는 a-Si 막을 사용한 능동 소자에 대해 몇 가지를 소개하겠다.

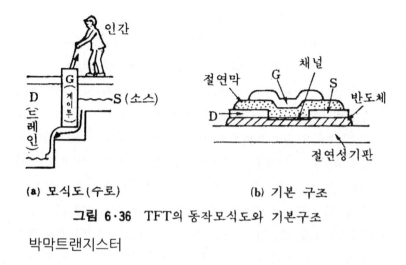

**(a) 모식도(수로)**     **(b) 기본 구조**

**그림 6·36** TFT의 동작모식도와 기본구조

박막트랜지스터

먼저 첫번째로 박막트랜지스터(TFT: Thin Film Transistor)에 대해 소개하겠다. 그 이유는 이 TFT가 능동소자의 기본이 되기 때문이며, 뒤에서 설명하는 전하전송 장치나 정전유도 트랜지스터 등은 이것의 연장 위에 있다고 생각되기 때문이다. 먼저 TFT를 설명하겠다. 이것은 보통 절연성 기판 위에 반도체 박막을 형성하고, 그 박막 속에 MOS (Metal Oxide Semiconductor)형 또는 MIS(Metal Insulator Semiconductor)형의 트랜지스터를 형성한 것을 일반적으로 TFT라고 부른다. 이것만으로는 어떻게 하여 소자가 움직이는가를 알 수 없을 것이라고 생각되므로 구조와 모식도로써 설명하겠다(그림 6 · 36). TFT는 소스(Source), 드레인(Drain), TFT의 게이트(Gate)의 3단자로써 이루어져 있다. 이 TFT의 동작은 게이트에 인가하는 전압에 의해서 소스(S)와 드레인(D) 사이의 전류를 제어하는 것이다. 먼저 소스(S)와 드레인(D)에 전압을 인가하여 둔다. 이 상태에서는 S-D 사이의 저항이 높아서 전류는 흐르지 않는다. 게이트(G)에 전압을 인가하면, 그 전기장에 의해 절연층의 하부에 캐리어(운반자)가 발생하여 S-D에 전류가 흐르고, 이 트랜지스터가 on의 상태로 된다. 게이트의 전압을 끊으면 이 트랜지스터는 off가 된다. 이 모양은 마치 수로를 여닫는 수문(게이트)을 인간이 조작함으로써, 상류의 수원지(소스)로부터 하류의 방수로(드레인)로 물을 흘려 보내는 것과 흡사하다. 단자의 명칭도 이것을 본따서 붙여졌으며 독자들도 금방 이 이름들과 친숙해지리라고 생각한다. TFT가 이해되었을 것이니까, 잠깐 이 장치의 역사를 돌이켜 보기로 하자. 이 TFT의 역사는 오래되었으며 1960년대 초반에는 이미 진공증착법에 의한 CdS와 CdSe를 재료로 한 TFT가 시험적으로 제작되어 있었다. 그러나 재료의 조성비의 재현성, 균일성, 제어성이 부족하고 또 경시(經時)변화가 심한 등의 많은 문제가 해결되지 않아 이 연구는 중단되어 버렸다. 그러나 1979년에 a-Si 막의 TFT가 유망하다고 댄디대학의 스피아교수 그룹에 의해 발표되자, 일약 주목을 받아 그때까지의 공백을 메우기나 하듯이 급격히 연구가 시작되었다.

## a-Si TFT

그러면 a-Si TFT란 어떤 구조와 특성을 갖고 있을까? a-Si TFT의 구조에는 그림 6·37에 보인 네 가지 기본구조가 있다. 단결정Si에서는 동일평면형(Coplanar)이 사용되나 a-Si TFT에서는 엇갈림형(Stagger)이 일반적이다. 그 이유로는, a-Si은 앞에서 설명한 것과 같이 글로우방전에 의해 형성하는 것과 마찬가지로, 동시에 절연막도 같은 방법에 의해 형성할 수 있고, 전기적으로 중요한 반도체와 절연막과의 사이(계

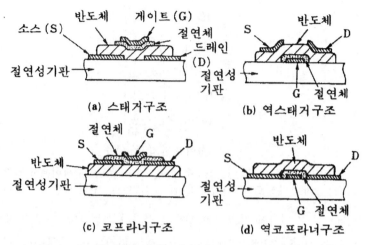

**(a) 스태거구조**

**(b) 역스태거구조**

**(c) 코프라너구조**

**(d) 역코프라너구조**

**그림 6·37** 박막반도체를 사용한 TFT의 각종 기본구조

면)를 한 번도 공기에 닿지 않고 연속적으로 형성할 수 있기 때문이다. 특히 금속인 전극과 반도체와의 양호한 접촉(ohmic 접촉)이 되기 때문에 역엇갈림형이 많이 사용되고 있다.

다음에, a-Si TFT에서는 게이트전압에 의해 어떻게 수로의 수문과 같이 전류를 제어할 수 있는지, 전기적 특성에 대해 얘기를 진행시켜 보자. 먼저 만일 게이트 전압이 "제로"인 경우를 생각한다. 반도체의 활성영역은 아무런 영향도 받지 않고, D와 S사이의 저항은, a-Si 막의 저항률 $\rho$와 TFT의 기하학적 형상, 즉 전극간 거리와 그 폭 등에 의해 결정되어 버린다. 일반적으로 a-Si막은 $\rho$가 $10^9$ $\Omega$cm로 크기 때문에 보통 D에 흐르는 전류는 1pA 정도로 매우 작다. 한편 게이트전압에 플러스의 전압을 가하면, 절연막을 통해서 a-Si막과 절연막 계면에 전자가 유기된다. 이 현상은 그림3·6(b)에 보였듯이 S와 D사이에 전자로써 이루어지는 길(channel)이 생긴 것이 되어 D와 S사이의 전류는 증

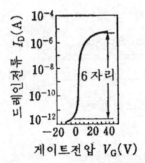

**그림 6·38** a-SiTFT의 특성례. $V_D$=10V. 게이트전압을
제어하므로써 전류값을 6 자리 이상 변화시킬 수 있다.

가한다. 즉 절연막을 따라서 병행으로 전자가 이동한다. 이 실험결과의
한 예를 그림6·38에 보였다. $V_G$=0에서는 $I_D$가 10pA이하이나, 큰 $V_G$
에서는 $10\mu A$ 이상이 되고, 전류값은 6자리나 변화하고 있어 스위치소
자로서 충분히 기능을 한다는 사실을 알 수 있다.

이상의 특성에 덧붙여 a-Si막은 CdS나 CdSe 등의 화합물에서 문제
가 된 조성비의 차이와 같은 것을 생각할 필요가 없고, 또 대면적화와
미세화가 가능하기 때문에 TFT에서도 최적소재로 생각되고 있다.

### a-Si TFT의 응용

지금까지의 이야기를 읽어도 독자들은 실생활에서 이 a-Si TFT가
어떤 관계를 갖고 있을까 하는 의문을 가졌을지 모른다. 그래서 그것의
구체적인 응용례를 소개하겠다.

일상생활에서 우리는 텔레비전으로 흔히 스포츠나 오락프로그램을
보고 즐기고 있다. 그러나 외출장소나 자동차 속에서 본다는 것은 텔레

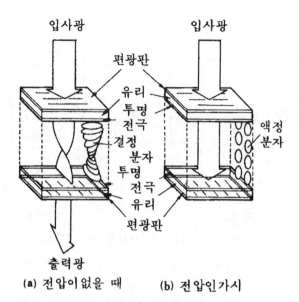

입사광

입사광

편광판

유리
투명
전극
결정
분자
투명
전극
유리

액정
분자

편광판

출력광

**(a)** 전압이없을 때   **(b)** 전압인가시

**그림 6·39** 액정TV의 액정동작. 액정TV는 두 장의 90도 각
도를 바꾼 편광판과 전압에 의해 액정분자의 비틀림현
상을 교묘히 복합한 것이다.

비전의 크기를 생각하면 좀 무리이다. 이 텔레비전의 크기를 결정하고
있는 것은 거의 브라운관(CRT: Cathode Ray Tube)이다.

브라운관의 원리는 다음과 같다. 진공으로 한 관의 한 변에 형광체
가 형성되고, 그 변 위에 화상신호에 의한 전자빔이 조사되면 형광체가
발광하여 그 상을 우리가 보고 있는 것이다. 이와 같이 전자빔을 사용
하는 한 진공과 고전압이 필요하다. 이와 같은 브라운관을 사용하지 않
고서 좀 더 새로운 다른 화면을 사용할 수 없을까 하여 생각해 낸 것이
액정텔레비전(LCD-TV)이라고 불리는 것이다.

액정이란 용어는 전탁이나 디지털시계의 표시에 사용되고 있다. 현

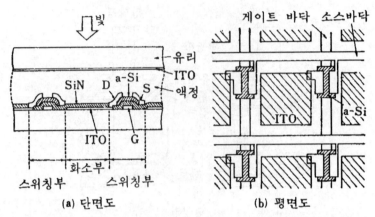

(a) 단면도       (b) 평면도

**그림 6·40 a -SiTFT를 사용한 액정TV 화소부의 구조**

재는 매우 일반적인 것으로 되었는데, 먼저 액정TV의 원리를 설명하겠다. 액정TV의 구조를 그림6 · 39에 보였다.

어떤 특수한 TN형의 액정을 봉입하면 (a)와 같이 액정분자는 90도로 비틀려서 배향한다. 이 상태에서 편광판을 통해 빛이 입사하면 분자축을 따라서 전파하여 결국 앞의 편광판과는 90도의 각도를 바꾼 다음번의 편광판을 통해서 나간다. 그러나 일정한 임계값 이상의 전압을 인가하면 (b)와 같이 액정은 비틀림이 없어지고, 입사한 빛은 출구의 편광판과 충돌하여 통과할 수 없게 된다. 즉 액정은 빛의 셔터의 역할을 한다. 이 셔터의 개폐에는 일정한 값 이상의 전압을 인가할 필요가 있다. 텔레비전의 화소(텔레비전이나 사진 전송에서, 화면을 전기적으로 분해한 최소의 단위 면적. 영상 전체의 화소 총수는 화질을 비교하는 데 유용하다.)에는 수십만 개의 스위치를, 각 화소에 대해 독립적으로 형성하지 않으면 안 된다. 이와 같은 TV 화면의 사이즈로서 사용할 수 있을 정도의 대면적화가 가능하고 또 $10 \mu \mathrm{m}$ 오더(order)의 미세가

**그림 6·41  a-Si TFT를 스위칭소자로 사용한 액정**

공이 가능하며, 나아가서는 양호하고 균일한 스위칭소자가 형성될 수 있는 모든 조건을 만족시켜 주리라고 기대되고 있는 것이 앞에서 설명한 a-Si TFT이다. 왜냐하면 아몰퍼스물질의 특징이나 a-Si의 특징에서 이미 설명했듯이 a-Si은 대면적화가 가능하며 또 박막구조이며, 유리 기판 위에 직접 형성할 수 있기 때문이다. a-Si TFT를 사용한 화소부의 구조를 그림6·40에 보였다.

여기서 a-Si TFT의 스위칭 액정셔터의 관계를 좀더 자세히 설명하겠다. 액정셔터의 동작을 텔레비전의 영상에 이용하기 위해서는 화상신호와 동기(synchronism)를 취하지 않으면 안된다. 이 동작에 대해 종래의 브라운관의 경우부터 설명하기로 하겠다. 브라운관은 앞에서 설명했듯이 전자빔에 의해 형광체를 조사하고, 그 발광현상을 이용하고 있는데, 의미있는 2차원적 상을 만들기 위해서는 전자빔을 X축, Y축과 같은 좌표로써 조절하여 지정한 위치의 형광체에 조사시킬 필요가 있다. 즉 화면의 위치를 선택하고 있는 것이다. 이 방법으로서 브라운관에서는 전류를 흘린 코일(편향코일)에 의해 발생하는 자계로써 전자빔을 구부려서 위치지정을 실현하고 있다.

이에 대해 액정셔터에서는 a-Si TFT의 S와 G에 의해 화면의 위치지정을 하며 각 화소(각 액정스위치)를 독립하여 제어하고 있다. 사실은 이 메카니즘의 차이가 액정TV의 특징을 낳고 있다. 즉 큰 공간을 필요로 하는 전자빔과 그것을 제어하는 코일 대신 겨우 $1\mu m$ 정도의 박막에 의해 화소의 선택을 할 수 있기 때문에 매우 얇은 TV가 실현될 수 있다.

a-Si TFT를 스위칭소자에 사용한 액정TV를 그림6·41에 보였다. 이 TV는 5인치크기(표시크기 $75.0 \times 99.9mm^2$)의 화면으로, 이 속에 집적화되어 있는 a-Si TFT는 $500 \times 666$개로 매우 많으며 고도의 미세화기술을 필요로 한다. 이들의 소자형성에는 각 연구 개발그룹의 독자적 기술에 의한 것이 많아 매우 흥미있는 부분이다.

a-Si TFT의 응용에서 실용화에 가장 가까운 것이 이 액정 TV이며, 현재 초기의 연구개발을 끝내고 소자로서의 액정의 개량 또는 파시베이션(passivation: 표면 안정화)에 의한 충분한 신뢰성의 향상으로 진행되고 있다. 외출할 때 주머니에 이 액정TV를 쉽사리 집어넣고 다니게 될 날도 그다지 먼 일은 아닐 것이다.

다음에는 TFT의 구조를 약간 응용한 소자인 전하전송장치(CCD: Charge Coupled Device)에 대해 간단히 설명하겠다.

CCD는 옆에서 설명한 TFT의 흐름을 따르는 것으로, TFT가 수많은 캐리어와 전계효과를 이용하는 것인데 대해, CCD는 소수 캐리어와 전계효과를 이용하는 것이다. 현재 이 CCD에 a-Si막을 응용하는 연구가 진행되고 있다. 먼저 간단히 CCD의 원리를 설명하겠다.

그림 6·42에서 그 동작을 수로의 예를 사용하여 설명하기로 한다. 수로는 이 경우 세 종류의 ABC의 중간판으로 구획되어 있다. 우선 맨

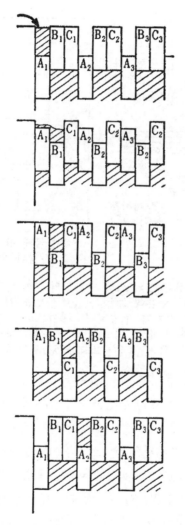

**그림 6·42** CCD의 동작모식도. 3종류(A, B, C) 중간판의 상하운동에 따라 물은 왼쪽에서 오른쪽으로 이동(전송)한다. CCD의 경우, 수량은 전하량, 중간판은 게이트 전압에 해당한다.

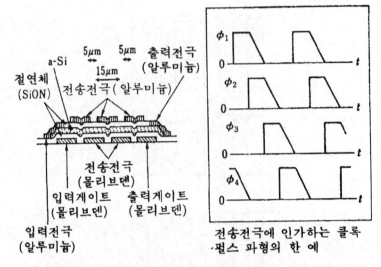

절연체
(SiON)

a-Si

5μm  5μm  출력전극
(알루미늄)

15μm

전송전극(알루미늄)

전송전극
(몰리브덴)

입력게이트  출력게이트
(몰리브덴)  (몰리브덴)

입력전극
(알루미늄)

전송전극에 인가하는 클록
·펄스 파형의 한 예

그림 6·43 a-SiCCD의 소자 단면도와 클럭신호. 왼쪽 그
림의 소자에 오른쪽 그림의 클럭신호를 각 전극에 인
가하므로써 전하가 전송된다. 대형(bulk) 파형의 사다
리꼴은 전송이 쉽게 되도록 하기 위한 방안이다[마쓰
무라(松村正清) 등, 신기보고 ED82-78에서].

처음에 왼쪽에서부터 물이 $A_1$에 주입된다. 다음에는 $A_1$~$A_3$이 서서히
상승하는 한편 $B_1$~$B_2$이 하강하고, 드디어는 $A_1$의 물이 $B_1$으로 이동한
다. 다시 $B_1$~$B_3$이 상승하고 $C_1$~$C_3$이 하강하므로써 $B_1$의 물은 $C_1$로
이동한다. 이와 같이 중간판을 상하로 움직이기만 하여도 물이 한 방향
으로 이동하여 가는 것을 알 수 있다. 이것은 물통을 가진 사람들이 일
렬로 서서 물을 차례차례로 옆 사람에게 건네주는 것과 흡사하다. 이
동작을 전기적으로 하게 한 장치가 CCD이다. 그림6·43에 a-Si CCD
의 한 예를 보여 두었다. 그림 중의 전송전극이 앞에서 말한 중간판에
해당하는 것으로 a-Si막의 양쪽에는 절연막을 사이에 두고 전송전극이
있다. 이것에는 4상의 클록(clock: 계수) 전압이 인가되고, 왼쪽 끝의

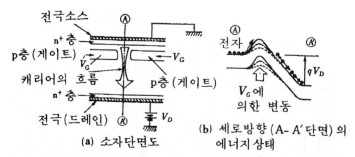

(a) 소자단면도

(b) 세로방향 (A- A′ 단면) 의 에너지 상태

그림 6·44 SIT의 설명도. SIT소자는 끼워 넣은 p층(게이트)에 인가하는 전압($V_G$)에 의해 세로방향으로 포텐셜의 산을 형성하여 운반자의 흐름을 제어한다. p층(게이트)은 진공관의 그리드와 같은 작동을 하고 있다는 것을 알 수 있다.

입력전극으로부터 주입된 신호전자는 클록신호에 따 라 a-Si 안을 구불구불 구부러져 가면서 왼쪽에서부터 오른쪽으로 전송되어간다. 현재는 기본기능으로서 0.5~1kHz에서 한 전극으로부터 이웃 전극으로 신호를 전송하는 효율(전송효율)은 99.6% 정도이다. 이 CCD로의 응용연구는 이제 막 시작되었을 뿐이며, 특성의 향상은 보다 진전될 것이라 생각되고 있다. 특히 CCD는 스위칭할 때의 잡음이 작기 때문에 앞으로 아날로그(analogue)신호를 다루는 이미지센서로의 응용도 충분히 기대된다.

여기서 독자들은 하나의 의문을 갖지 않았을까? 즉 a-Si TFT와 a-Si CCD의 어느 것도 다 막의 가로 방향에서의 캐리어(운반자)의 이동현상만을 이용하고 있다는 점이다. 확실히 a-Si은 대면적화가 쉽기 때문에 가로방향으로 발상이 전개되지만, 얇은 a-Si막의 특징을 살린 세로방향의 현상을 이용하지 않고 있지들 않은가! 그래서 고안된 것이 a-Si 정전유도 트랜지스터(SIT: Static Induction Transistor)이다. 이

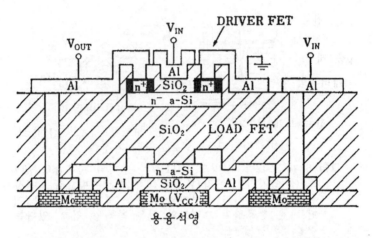

용융석영

**그림 6·45** a−Si 3차원 집적회로의 단면도. 상층의 **구동
용 FET**와 하층의 **부하용 FET**로 되어 있으며, 이 사
이에 CVD SiD₂에 의해 격리된 3차원 소자를 구성하
고 있다〔마쓰무라(松村正淸) 『일본의 과학과 기술』
'83/아몰퍼스에서〕.

것은 단결정Si의 장치로서 도호쿠대학의 니시자와교수에 의해 발표된
것으로, 세로형의 JFET(Junction FET)라고도 불린다. 간단히 원리를
설명하겠다. 그림6·44는 SIT의 일부인데, 드레인, 게이트, 소스로써
이루어지는 것은 앞의 TFT와 같고 반도체 중의 게이트가 진공관의 그
리드(grid)와 같은 역할을 하고 있는 것이 특징이다. 그 때문에 게이트
전압에 의해 세로방향의 에너지띠에 장벽이 생겨서 전류를 제어할 수
가 있다. 이 장치는 아직 시험제작도 적으나 앞으로의 연구에 따라서는
매우 흥미있는 특성이 얻어질 것이라고 기대된다.

이상, a−Si막의 능동소자에 대해 몇 가지 소개하였으나, 이 밖에도
수많은 장치가 시험제작되고 있다. 그 중에는 미래의 장치라고 생각되
고 있는 3차원소자도 포함되어 있다(그림6·45). 이것은 박막모양의

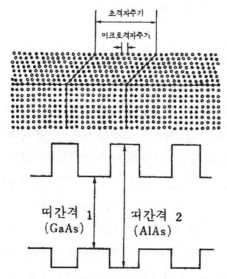

**그림 6·46** 초격자 소자의 구조. 띠간격이 다른 반도체가 번갈아 약 10원자층씩 적층되어 있다.

단결정이나 a-Si 등을 적층모양으로 겹치는 방식으로서, 지금까지의 2차원적으로 집적도를 높이는 방향에서부터 3차원, 즉 수직방향으로 트랜지스터소자를 겹쳐 쌓아 집적도를 높이려는 것이다. 이것들은 종래의 단결정Si 장치와는 다르며, 아직도 미지의 요소가 수많이 숨겨져 있다. 앞으로 이미지의 베일이 하나하나 연구자들의 손에 의해 벗겨지고, 지금까지 꿈으로만 생각되었던 장치가 이 세상에 그 모습을 많이 보이게 될 것이다.

## (6 · 5) 꿈의 장치, 초격자소자

아몰퍼스재료의 새로운 장치의 응용으로서 최근 초격자소자가 생각되고 있다. 초격자소자는 단결정으로 1970년에 에사키씨들에 의해 종래의 장치에는 없는 새로운 기능을 가진 소자로 예언되어, 수년 후 처음으로 형성되어 그 특성이 실증된 것이다. 현재 초격자소자는 일부 HEMT(고이동도 트랜지스터)로서 실용화되고 있으나, 아직도 수많은 신기능 장치의 가능성을 간직하고 있어 활발한 연구개발이 진행되고 있다.

여기서 간단히 초격자소자에 대해 설명하겠다. 최초의 초격자소자는 그림6 · 46에 보인 것과 같이 금지띠 폭이 다른 단결정반도체를 번갈아 적층하여 형성한 장치이다. 원자의 종류에도 따르지만, 원자반경이 수A 정도이므로 원자를 약 10층씩 번갈아 적층하고 있는 것이 된다. 바로 신의 조화라고도 할 수 있는 기술이다. 이 구조에 의해 종래의 반도체장치와는 다른 새로운 특성이 수없이 나타난다. 대표적인 것으로는 인가전압에 의한 광학적 금지띠간격의 변화, 부성저항, 고이동도 특성 등이다.

이와 같은 초격자구조 특유의 효과가 왜 나타나는지, 그 전자상태에 대해 생각해 보기로 하자.

초격자구조는 이 금지띠가 다른 매우 얇은 막을 적층한 것이다. 그러면 이 속의 전자상태는 어떻게 되어 있을까? 여기서 띠간격이 좁은 반도체의 전도대에 있는 에너지가 낮은 전자를 생각하여 보자. 이 좁은 띠간격을 갖는 반도체 속에 있는 전자는 인접한 띠간격이 큰 반도체에 둘러싸여, 마치 전자는 우물 안에 있는 물처럼 띠간격이 좁은 반도체에 축적된다. 이 우물은 양자우물이라고 불리고, 깊이가 에너지에 대응해

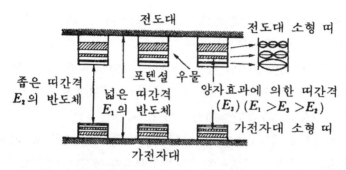

**(a)** 우물 내의 포텐셜 에너지가 국재화한 초격자소자의 예

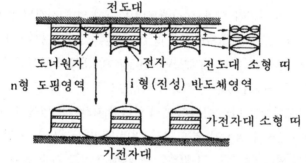

**(b)** 전자와 도너를 공간적으로 분리한 초격자소자의 예

**그림 6·47** 초격자소자의 특징. 띠간격이 넓은 층으로의 불
순물도핑에 의해 농도가 증가한 캐리어 전자는 띠간격
이 좁은 층으로 흘러 들어가 바닥을 이동한다. 즉 고
전자농도와 고이동도의 양쪽을 만족시킬 수 있다.

있다. 우물 내부의 전자는 양자역학에서 말하는 포텐셜 우물 내의 전자
로서 잘 알려져 있다. 여기서, 전자는 파동으로서 다루어지고 우물 내
부에서는 전자가 갖는 파동과 우물의 폭이 같아지는 곳에만 전자가 존
재하게 된다. 즉 이 파동이 갖는 에너지에 해당하는 깊이인 곳에만 전
자가 있는 셈이다. 따라서 반도체 초격자구조에 의해 만들어진 포텐셜
우물에서는 이 성질을 반영하여 그림6·47에 보인 것과 같이 포텐셜

우물 내의 전도대는 몇 개의 층으로 분류된다. 즉 비유를 하여 생각해 본다면 보통의 우물 속의 물(이 경우 전자)은 사이가 공기층으로 분리 된 얇은 몇 개의 층처럼 되는 것이다. 이것이 그림 6·47에 보인 포텐 셜 우물 내의 서브(sub: mini)띠의 형상이며 에너지의 국재화라고 불린 다. 초격자구조의 첫번째 특징이 나타난다.

따라서 초격자구조에서는 포텐셜 우물 안에 미니밴드(miniband)가 형성되기 때문에, 겉보기의 띠간격이 새로이 생긴다. 이 겉보기로서의 띠간격의 크기($E_3$)는, 장벽(barrier)층의 띠간격($E_1$)과 우물층의 띠간 격($E_2$)과의 사이가 되며, 미니밴드의 위치에 의해 결정된다. 예를 들면 띠간격이 2.5eV인 a-Si 장벽층과 1.8eV인 a-Si우물층(25A)에 의해 초 격자구조를 형성하면 약 2.0eV의 띠간격이 새로이 형성된다. 또 이 띠 간격은 우물층의 막두께 등을 변화시킴으로써 제어할 수 있다. 즉, 초 격자구조에서는 어느 범위 내에서 임의의 띠간격을 얻을 수가 있다.

미니밴드의 형성에 의해 우물 내의 전자는 에너지에 천정이 생긴 것 같이 된다. 즉 어느 전계(전압)에 의해 전자를 가속할 때, 어느 전계 에너지 이상이 되면 전지는 미니밴드 속의 에너지준위의 천정에 부딪 치게 된다. 간단히 말하면 전자는 우물 속의 물층에서 밖에 움직일 수 가 없기 때문에 얇은 물층 속에서는 에너지를 받아서 위로 올라 가려고 하여도 금방 천정에 부딪치게 된다. 그 결과로 전자가 움직이기 어렵게 된다. 바꿔 말하면 전압(전계)을 증가하면 전류가 감소하는 부성저항이 나타나게 된다.

또 이 초격자구조에서 그림4·46에 보인 것과 같이 띠간격의 넓은 층에만 도너(donor)를 넣어 전자수를 증가시켰다고 하자. 이 전자는 바로 옆에 우물이 있기 때문에 자연히 그 우물 안으로 떨어진다. 그렇 게 되면 우물 안의 전자가 보통 때보다 증가하여 전자가 공간적으로 국

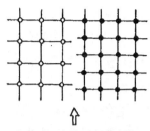

**그림 6·48** 결정체 초격자소자　경계에 결함이 생긴다

재화한 것과 같은 막이 생긴다. 즉 우물 가까이서 물을 부어도 그 물은 곧 우물로 빠져 버리는 셈이 된다.

가령 우물로 사용하고 있는 반도체의 단체에 불순물을 첨가하여 거의 같은 정도로 높은 전자농도의 막을 만들었다고 하면, 캐리어(운반자)는 그 불순물원자에 의해 산란되어 그 이동도가 떨어지나, 이 초격자에서는 앞에서 설명한 것과 같이 불순물을 첨가하는 층과 캐리어가 존재하는 층을 분리할 수 있기 때문에 높은 전자농도와 고이동도의 특성을 동시에 얻을 수가 있다.

이들 효과는 박막을 형성하는 원자의 종류, 도전타입, 막의 두께 등에 따라서 자유롭게 설계할 수 있다. 이와 같이 자기가 원하는 특성을 가진 물질이 자유로이 형성될 수 있다는 점에서 커다란 주목을 모으고 있다.

이와 같이 초격자소자에 의해 초고속의 컴퓨터나 새로운 기능을 가진 기기를 실현할 수 있으나, 단결정의 경우 한가지 문제점이 있다. 앞에서도 말했듯이 단결정에서는 원자의 결합길이와 결합각이 일정하기 때문에, 다른 반도체를 적층하는 경우 그 경계에서는 원자가 잘 결합할 수 없어 결함이 발생하게 된다(그림6·48 참조). 이와 같이 단결정에서는 초격자소자를 제조할 때의 원자의 조합이 제한을 받게 된다.

이런 점에서 등장하는 것이 구조유연성을 갖는 아몰퍼스 초격자소자이다. 아몰퍼스반도체에서는 앞에서 말했듯이 다른 반도체를 적층하여 원자를 잘 결합할 수 있다. 현재 아몰퍼스반도체 초격자소자 재료로서는 a-Si, a-Ge, a-SiC, a-SiN, a-SiO, a-SiGe 칼코겐화물계 물질 등 각종 물질이 사용되고 있다. 이와 같이 아몰퍼스 초격자소자에서는 최후의 제한이었던 조합원자에 대해서도 자유롭게 되었다.

아몰퍼스반도체 초격자는 현재 그림6·48에 보인 것과 같은 구조를 갖는 것에 대해서는 히로시마대학의 히로세, 엑슨(Exxon)의 티제, 도쿄공업대학의 히라기, 산요전기의 구와노 등에 의해 그 양자효과에 대한 연구가 진행되고 있다. 이 그림에 보인 것과 같이 아몰퍼스물질로서 a-Si과 그 화합물계가 이들의 재료로 선택되고 있다. 이것은 a-Si계 반도체의 특성이 우수하며, 이 합금계가 절연체로부터 금속으로까지 변화하고. 재료설계가 용이하다는 이유 때문이다. 이들 아몰퍼스반도체 초격자의 양자 효과는 우물층의 막두께를 변화시켰을 때 광학적 띠간격의 변화나 광휘도(photo luminescence)의 피크 위치 및 피크강도의 변화에 의해 조사되고 있다. 앞에서 말했듯이 초격자소자의 우물층에서는 미니밴드가 형성되나, 이 미니밴드는 우물층의 두께가 얇을수록 그 간격이 넓어지고, 실효적인 띠간격이 넓어져서 광휘도의 피크는 고에너지쪽으로 이동하고 피크강도도 증가한다. 실제로 형성된 그림6·49에 보인 구조의 아몰퍼스초격자에서도 이 현상이 관측되어 아몰퍼스물질의 초격자효과가 확인되어 있다. 이 밖에도 전기적 특성과 아몰퍼스의 특징을 살린 선택 미결정화 등의 연구도 히로세교수들에 의해 정력적으로 이루어지고 있다.

이들 아몰퍼스초격자소자를 형성하는 기술은 초박막형성이기 때문에 결정계와 마찬가지로 매우 고도의 기술을 필요로 한다. 현재는 태

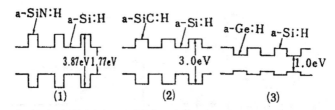

**그림 6·49** 실험된 아몰퍼스 초격자의 구조도. 아몰퍼스초격자는 전기적 특성이 우수한 a-Si:H와 그 합금, a-Ge:H 등으로 만들어지고 있다.

양전지 등에서 실적이 있는 글로우방전분해법이 사용되어 원료가스를 번갈아 전환함으로써 초박막을 형성하고 있다. 또 최근에는 막형성 때에 보다 손상이 적고 우수한 특성을 갖는 초박막이 형성될 수 있는 광CVD법에 의한 아몰퍼스초격자막의 형성법이 산요전기에서 개발되었다. 이 광CVD법에 의한 아몰퍼스초격자는 글로우방전법에 비해 보다 강한 광휘도가 관측되어 양호한 특성을 갖는다는 것을 알았다.

이와 같이 아몰퍼스초격자로서도 기초적인 양자역학의 연구로부터 형성기술의 연구로 진행되었고 또 장치로의 응용으로 나아가려 하고 있다.

다음에는 아몰퍼스초격자장치로의 응용에 대해 설명하겠다. 현재는 아직 연구단계이나 태양전지나 박막트랜지스터로의 응용이 생각되고 있다.

## 아몰퍼스초격자 태양전지

아몰퍼스태양전지의 구조는(6·1)에서 설명했듯이 기본적으로

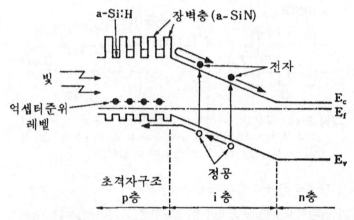

**그림 6·50** 초격자 p층 아몰퍼스 Si 태양전지. p층을 초격자구조로 하여 광도전율과 광투과율의 양쪽을 개선하고 있다[히로세(広瀬全孝), EPRI/MITI, NEDO Meeting 1985에서].

는 pin형이다. 이 구조로 현재 11%이상의 변환효율이 얻어지고 있으나 더 높은 변환효율을 얻기 위해서는 빛이 최초에 도달하는 p층의 개선이 필요하다. p층에 요구되는 성능으로는 높은 광투과율과 높은 광도전율을 들 수 있는데, 현재 사용되고 있는 p형 a-SiC는 광투과율은 높으나 광도전율은 개량의 여지가 있다. 이 p층에 초격자구조를 사용하려는 시도가 히로시마대학 히로세교수로부터 제안되어 있다. 그 구조를 그림6·50에 보였다. 초격자구조는 보란(B)을 첨가한 광학적 띠간격이 작은(약 1.7eV) p형 아몰퍼스Si층과 광학적 띠간격이 큰(약 2.2eV) a-SiN 층으로써 구성되어 있다. p형 아몰퍼스Si에는 광도전율을 높이는 역할을 갖게 하고 a-SiN에는 광학적 띠간격을 크게 하여 광투과율을 높이는 역할을 갖게 하려는 것이다(초격자구조의 광학적 띠간격은 각각의 반도체의 광학적 띠간격의 중간정도가 된다). 또 a-SiN

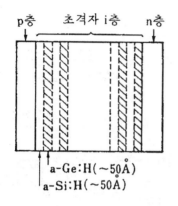

p층　초격자 i층　n층

a-Ge:H(~50Å)
a-Si:H(~50Å)

그림 6·51 초격자 i층 a-Si 태양전지. 초격자구조의 광학적 띠간격은 각 반도체의 광학적 띠간격의 사이가 되기 때문에 i층을 초격자구조로 하여 좁은 띠간격의 고품질을 실현하려 하고 있다.

대신 a-SiC를 사용한 초격자구조도 생각되고 있다.

현재 사용되고 있는 p형 a-SiC에 의해 흡수되고 있는 광학적 손실의 개선 등을 목표로 한 것으로, 초격자구조를 채용하므로써 아몰퍼스 Si 태양전지의 변환효율을 개선할 수 있는 가능성이 있다.

또 초격자구조를 i층으로 이용하려는 시도도 있다. 아몰퍼스Si 태양전지의 고효율화의 방법으로서 적층 구조가 있다는 것은 앞에서 설명하였다. 그러나 낮은 띠간격재료인 a-SiGe의 막의 질이 나쁘기 때문에 적층구조 태양전지의 변환효율은 8%대에 머물고 있다. 이 a-SiGe의 막의 질이 나쁜 이유로서 아몰퍼스Si과 아몰퍼스Ge의 최적 형성조건이 다르다는 것을 들 수 있다. 그래서 a-SiGe을 동시에 만들지 않고 아몰퍼스Si과 아몰퍼스Ge을 각각의 최적조건에서 형성할 수 있는 초격자구조를 i층에 사용하려는 것이다(그림6·51 참조).

이 초격자구조는 광학적 띠간격도 아몰퍼스Si의 약 1.7eV와 아몰퍼스Ge의 1.1eV의 사이에 제어할 수 있어 낮은 띠간격재료로서 기대할 수 있다.

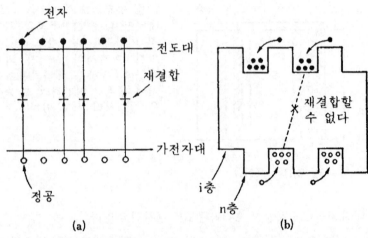

그림 6·52  단층구조(a)와 초격자구조(b)의 띠그림

## 아몰퍼스초격자의 박막트랜지스터

아몰퍼스Si은 대면적화, 박막화가 쉽기 때문에, 예를 들면 액정TV
의 구동용 TFT(박막트랜지스터)에 사용되고 있다. 그러나 아몰퍼스Si
의 막특성은 단결정Si에 비해 떨어지기 때문에 그 응용범위가 제한되
어 있다.

아몰퍼스Si의 이동도(mobility) 등의 전기적 특성이 떨어지는 것은
불규칙한 포텐셜 때문에, 전자가 움직이기 어렵다는 것과 금지띠 중에
결함이 존재하기 때문에 그림6·52(a)에 보인 것과 같이, 전자와 정공
이 재결합해 버리므로 수명이 짧아지는 등의 이유 때문이다. 만일 그림
(b)에서 보인 것과 같이 전자가 존재하는 곳과 전자와 정공이 존재하는
곳을 공간적으로 분리할 수 있으면 전자와 정공은 재결합을 할 수 없기

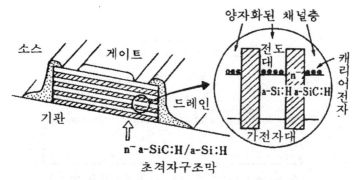

**그림 6·53** 초격자구조 박막트랜지스터의 구조. 캐리어전자는 양자화된 채널층(a-Si)만을 흐르기 때문에 고이동도, 높은 on/off비의 트랜지스터가 될 수 있다.

때문에 전자·정공의 수명이나 이동도 등의 전기적 특성이 개선된다.

이것은 예를 들면 n-a-SiC층과 a-S i층을 번갈아 적층한 초격자구조에 의해서 실현될 수 있다. 이 구조를 사용한 박막트랜지스터를 그림 6·53에 보였다. 이와 같은 아몰퍼스초격자 박막트랜지스터에서는 고속동작, 높은 on/off비 등이 기대된다. 초격자구조에 의해 결정계의 경우 약 100배가 되었다는 보고가 있다.

아몰퍼스반도체를 사용한 초격자소자의 연구개발은 현재 막 시작되었을 뿐이며 앞으로의 성과가 기대된다. 그 밖에 아몰퍼스Si을 응용한 스트레인(비틀림)센서나 열전변환소자(열전소자: 열에너지와 전기 에너지의 변환을 행하는 반도체 소자)로서의 응용도 연구개발되고 있다.

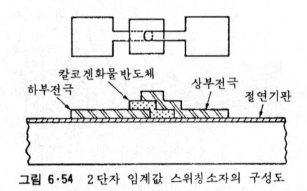

**그림 6·54** 2단자 임계값 스위칭소자의 구성도

## (6 · 6) 칼코겐화물 아몰퍼스반도체

칼코겐화물 아몰퍼스반도체의 응용은 ① 제3장에서 설명했듯이 열역학적으로 비평형상태에 있기 때문에 외부로부터의 열이나 빛 등의 에너지에 의해 구조변화를 일으킨다는 특성과, ②광전도특성, ③필터 등의 응용으로서 광흡수특성을 이용하는 응용례가 있다. 이 책에서는 전자공학에 가까운 ①과 ②를 중심으로 소개하겠다.

### 전기적 스위치 · 기억소자

애당초 아몰퍼스반도체에 세계가 주목을 하게 된 계기는, 1968년에 오브신스키가 발표한 액체급랭법으로 형성한 Te-As-Si-Ge계 칼코겐화물 아몰퍼스반도체에 의한 스위치소자로, 이 분야에 대한 응용연구는 매우 활발하게 이루어졌다.

스위치 또는 메모리(기억)라는 명칭이 붙여지는데는 적어도 두 가

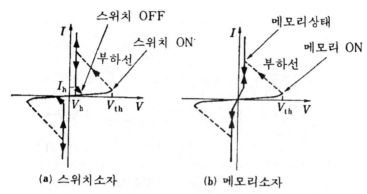

(a) 스위치소자          (b) 메모리소자

**그림 6·55** 칼코겐화물  아몰퍼스반도체의  스위치소자와
메모리(기억)소자의  Ⅰ-Ⅴ특성

지 상태가 존재하지 않으면 안된다.

예를 들면 소자의 전류전압특성은 고저항상태와 저저항상태가 존
재하며, 외부조건에 의한 변화에 따라서 이들 상태 사이를 전이하는 소
자가 스위치소자이다. 또 외부조건을 제거하여도 상태를 유지하는 것
을 기억소자라고 부른다.

그러면 구체적 특성을 들어 설명하겠다. 칼코겐화물 유리를 그림
6·54와 같은 금속으로 끼워서 그 양끝에 전압을 인가하면 그림6·55
에 보인 것과 같이 두 종류의 특성이 얻어진다. 그림(a)에서는 어느 임
계전압($V_{th}$)에서 갑자기 저저항으로 되고, 어느 유지전압($V_h$)이 전에
서 다시 고저항상태로 돌아가는 스위치특성을 나타낸다. 예로서 제1장
에서 필자가 개발한 형광등 순간 점등소자(그림1·2)를 이미 소개하였
었다. 한편 그림(b)에서는 일단 저저항상태가 되면 인가전압의 감소만
으로는 고저항상태로 되돌아가지 않고 이른바 메모리화 되어 버린다.
보통 단시간에 큰 전류를 흘려서 본래의 고저항 상태로 되돌리고 있다.

이 두 가지 현상은 아주 비슷하나 스위치현상이 물질 중의 캐리어

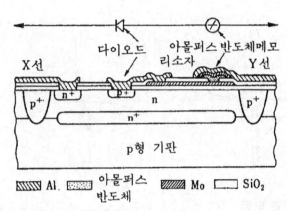

다이오드 | 아몰퍼스 반도체메모리소자

X선 | Y선

p⁺ | n⁺ | p⁺ | n | p⁺

n⁺

p형 기판

▨ Al. ░ 아몰퍼스 반도체 ▨ Mo □ SiO₂

**그림 6·56** 칼코겐화물 아몰퍼스반도체를 사용한 비휘발성 메모리의 단면도

(운반자)의 충돌전리(충돌이온화)와 2중주입이라는 복잡한 메카니즘으로 생긴다고 말하고 있는 것에 대해, 메모리현상은 전류의 통과에 의한 줄(joule) 염에 의해 아몰퍼스상태로부터 결정상태로의 전이현상으로서 전혀 다르다고 생각되고 있다. 후자는 제3장에서 설명한 열역학적으로 비평형상태에 있기 때문에 외부로부터의 약간의 에너지를 가하면 상태변화를 일으키는 성질을 갖고 있다.

기억소자로는 그림6·56에 보인 것과 같이 구동회로가 형성된 쌍극(bipolar)IC 위에 Ge-Te-X의 3성분 칼코겐화물 아몰퍼스반도체를 박막모양으로 형성한, 고쳐쓰기가 가능한 전기적 기억소자가 ECD회사에 의해 개발되었다. 이 특성은 기록시간이 밀리초(msec)로 좀 길고, 또 전류도 mA차수로 높으며 기록과 소거회수도 약 1000회로 그다지 많지 않은 것이 현재의 문제점이다.

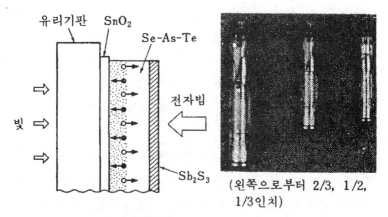

**그림 6·57** 칼코겐화물 수광다이오드를 사용한 촬상관 타게
트(사진은 히타치제작소 제공)

## 광전변환장치로의 응용

여기서는 아몰퍼스반도체의 공백 30년 중에서 가장 기세를 올린 히
타치의 마루야마씨가 개발한 칼코겐화물 아몰퍼스반도체를 사용한 촬
상관(vidicon) 용 광전변환장치에 대해 설명하겠다.

### 촬상관 타게트로의 응용

아몰퍼스반도체를 사용한 헤테로(hetero)접합을 형성하는 경우, 앞
에서 말했듯이 격자상수의 차에 신경을 쓸 필요가 없다. 이것을 썩 잘
응용한 장치가 촬상관 타게트이다. 그림 6·57은 이 촬상관의 단면도
로서 n형의 산화주석 투명전극과 셀렌-비소계 아몰퍼스반도체로 헤테

로접합을 형성하여, 적색증감(증감: 광화학 반응에서, 반응 물질에 첨가된 다른 물질에 의하여 광화학 반응이 촉진되는 현상.)을 위한 텔루르(Te)를 접합계면을 피해서 약간 막의 내부쪽으로 삼각형의 농도분포를 갖도록 첨가하여 있다. 아몰퍼스층으로의 전자빔이 주입되는 것을 방지하기 위해 블로킹(blocking, 저지층)층으로 하여, 삼황화안티몬의 다공질막이 사용되고 있다.

이 촬상관은 「사치콘」이라 불리며 현재 방송용 소형 컬러카메라를 비롯하여 널리 사용되고 있으나, 아몰퍼스재료를 사용하고 있기 때문에, 고해상도이며, 분광감도도 텔루르의 농도분포를 제어하므로써 광범위한 설계가 가능하다는 특징을 갖고 있다.

이와 같이 구성성분의 농도분포를 형성하므로써 띠구조를 변화시키거나 공간전하분포를 변화시키거나 하는 것이 쉽게 될 수 있다는 것은 이몰퍼스반도체의 큰 이점이다.


## 밀착형 1차원센서로의 응용

칼코겐화물계의 박막다이오드(diode)는 대면적화가 가능하다. 이 특징을 살려 실리콘 IC의 주사회로와 조합시킨 밀착형 1차원센서가 개발되었다. 밀착형 1차원센서에 대해서는 이미 a-Si의 선(line)센서에서 설명하였다. 역사적으로는 이 칼코겐화물 밀착 센서쪽이 먼저 개발되었다.

위의 그림 6 • 58은 광섬유판을 광가이드(guide)로 사용한 밀착형 1차원센서이다. 원화(원래의 그림)로부터 반사된 광신호는 광섬유판의 끝부분에서 판독되어 센서부까지 광섬유에 의해 유도된다. 센서부는

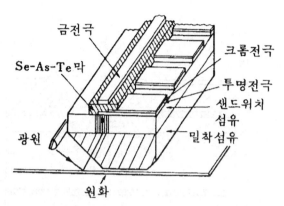

**그림 6·58** 칼코겐화물 박막을 사용한 밀착형 1차원 센서의 구조

줄무늬모양(stripe)의 투명전극과 Se-As-Te계의 아몰퍼스반도체 수광막 및 대항전극으로써 이루어져 있고, 아몰퍼스반도체 수광막은 그 자체의 암저항(어두움에 대한 저항)이 높기 때문에 화소(텔레비전이나 사진 전송에서, 화면을 전기적으로 분해한 최소의 단위 면적)마다 분할할 필요가 없다. 이 칼코겐화물 아몰퍼스반도체 열2극관(hot-diode)의 광응답특성은 수광면에서의 조도가 100룩스 정도일 때 일어서고, 감쇠할 때도 시정수는 0.5ms 이하이기 때문에 박막의 수광장치로서는 상당히 고속인 편에 속한다.

## 2층형 고체촬상소자

고체촬상관의 면적이용률을 높이고 또 종래에 문제가 되었던 강한 빛이 입사될 때의 블루밍(blooming: 초점 번짐)을 해결할 수 있는 새

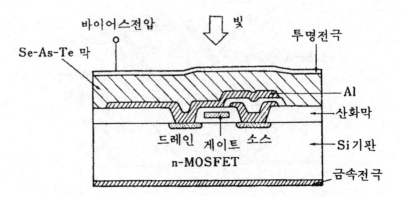

**그림 6·59** 칼코겐화물 박막을 사용한 2층 고체촬상소자
의 단면도

로운 2층형 고체촬상소자가 칼코겐화물 아몰퍼스반도체를 사용하여
개발되었다. 그림6·59와 같이 주사회로의 상부에 수광면을 설치함으
로써 수광부의 면적이용률은 거의 100%가 되며, 수광부에 강한 입사
광이 들어와도 주사부에 그 빛이 들어가지 않도록 차폐하여 주기만 하
면 블루밍이나 되묻음을 방지할 수 있다는 것을 알았다.

또 2층형 고체촬상소자의 분광감도는 수광부에 사용하는 재료의 분
광감도로 결정되기 때문에, 아몰퍼스재료의 조성을 변경함으로써 컬러
촬상관이나 적외선 촬상용 등의 용도에 따라, 그것에 적합한 수광막을
선택하는 것이 가능하게 되었다.


광 기억소자


광메모리는 기억소자에 빛을 사용하여 기록하고 또 빛을 사용하여

판독하는 것이다. 이 두 빛은 파워(power) 또는 파장이 다른 것을 사용한다. 기록용 빛은 조사물에 대해, 어떤 형태의 손상을 주는데 대해, 판독용 빛은 조사물에 기록되어 있는 정보를 파괴하지 않고서 읽어낼 필요가 있기 때문이다.

이 광조사에 의한 메모리의 응용에 대해서는 아몰퍼스 칼코겐화물에서 꽤나 자세하게 연구되었다. 그 결과 조사에 의한 물성의 변화에 관해서는 몇 가지 분류가 되어 있다. 아래에 그 물성변화에 따른 분류를 정리하여 보겠다.

① Te를 주로 함유한 계로서 아몰퍼스상(相)과 결정상 사이의 가역적인 상전이(photo-crystallization)

② Se, S를 함유한 계로서 아몰퍼스상을 유지한 채로 빛과 열에 의한 가역적인 구조변화(photo-structural change)

③ Se계 재료에서의 공극의 발생, 소멸 등의 형상변화

④ 금속과의 적층구조에서 금속의 아몰퍼스막으로 확산하는 광도핑(photo-doping)

이들은 모두 외부로부터의 약간의 에너지로 상태변화를 일으킬 수 있다는 칼코겐화물 아몰퍼스반도체 특유의 원리를 사용한 것이다.

이들의 물성변화 중에서 광메모리로서 이용할 수 있는 것으로는 막의 상전이, 구조변화, 조성변화, 변형 등에 따르는 빛의 반사율, 투과율, 굴절률의 변화 등을 생각할 수 있다.

이와 같은 현상을 나타내는 재료 및 그 응용례를 표 6·3에 보였다. 광메모리는 최근의 컴퓨터사회에서는 넓은 이용범위를 생각할 수 있다. 예를 들면 컴퓨터의 입출력장치, 대용량 메모리, 화상 파일디스크 등으로의 응용을 들 수 있다. 아래에서는 분류별로 광메모리에 대해 설명하겠다.

표 6·3 칼코겐화물 유리의 광학 메모리장치로의 응용

| 기본현상 | 동작현상 | 재료 | 응용례 |
|---|---|---|---|
| 상전이 | 투과율·반사율의변화<br>결정성장<br>도전율의 변화 | Ge-As-Te<br>Te 계<br>Se-Te | 가역광메모리<br>비은 염사진<br>레이저 프린터 |
| 광구조변화 | 투과율의 변화<br>굴절률의 변화<br>화학반응성의'변화 | As-Se-S-Ge<br>As-Se-S-Gc<br>Se-Ge | 가역광메모리<br>홀로그래피<br>레지스트 |
| 형상변화 | 보이드발생<br>구멍뚫기 | Se<br>As-Te-Se | 화상광메모리<br>레이저 비디오 디스크 |
| 광도핑 | 투과율의 변화<br>화학반응성의 변화, | As-S-Te/Ag<br>Se-Ge/Ag | 화상기록<br>레지스트·인쇄재료. |
| 기 타 | 광도전성 | Se | 전자사진 |

먼저 광조사에 의해 아몰퍼스상과 결정상 사이를 가역적으로 전이하는 경우(상전이)에 대해 설명하기로 하자. 아몰퍼스 칼코겐화물박막등의 아몰퍼스상이 결정화하면, 보통 광흡수단이 장파장쪽으로 이동하고 반사율도 증가하는 등의 변화를 나타낸다는 사실을 알고 있다. 예를들면 실제의 응용에서는 집광한 레이저광을 사용하여 기록하면 고밀도로 정보를 기록할 수 있다. 또 한 번 기록된 정보(결정상)는 강한 빛을펄스(pulse)조사하면 결정이 용융, 급랭하여 아몰퍼스상으로 되돌아가기 때문에 소거가 가능하게 되어 되풀이하여 사용할 수 있다는 특징이있다. 이 상전이현상을 사전에 응용 하는 것으로서 비은염 사진을 소개하겠다. 이것은 칼코겐화물막에 사진의 네가티브(음화)를 놓고 강한 빛을 조사하면 노광부에 작은 결정핵이 생긴다. 더우기 적외선가열을 하면 결정이 성장하여 육안으로 볼 수 있는 사진상이 얻어진다는 것이다.

다음에는 구조변화에 의한 메모리에 대해 설명하겠다. 구체적으로

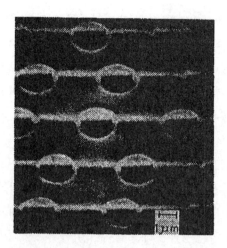

**그림 6·60** As-Te-Se계의 구멍내기 기록(확대도) ( 히타치제작소 제공)

말하면 단파장의 광조사에 의해 빛의 흡수단이 장파장쪽으로 이동하고 (광흑화 현상), 가열에 의해 제자리로 되돌아가는 현상을 이용한 것으로, 앞에서 설명한 상전이의 광메모리에 비해 결정화에 따르는 원자배열의 변화 등이 없기 때문에 막의 변형도 없고, 해상도도 1nm로 원자레벨에 가까운 것이 얻어진다는 특징이 있다.

이 구조변화와 앞에서 말한 상전이의 차이를 좀더 자세히 설명하겠다. 상전이는 아몰퍼스상이라는 준안정 상태에서부터 결정상이라는 안정상태로의 가역적인 큰 에너지에 의한 변화인데 대해, 구조변화의 경우는 제3장에서 설명한 준안정상태 사이를 전이하는 것이라고 말할 수 있다. 이 때문에 커다란 막질의 변화를 수반하지 않기 때문에 고쳐쓰기가 1만회 이상이라는 뛰어난 특성을 나타내고 있다. 또 광흑화를 이용한 것으로서 굴절률의 변화를 이용한 홀로그래피(holography)나, 다음 절에서 상세히 설명하는 레지스트(resist) 등도 있다.

다음에는 형상변화에 의한 광메모리를 설명하겠다. 형상변화로는 공극이나 구멍내기를 하는 것이나. 원리적으로는 예를 들면 Se계의 막에 레이저광을 조사하면, 막 속에서 광에너지가 열에너지로 변환하여 재료가 기화하여 공극이나 구멍이 된다. 이 상태에서 급랭하여 고정하는 현상을 이용하는 것이다.

공극의 경우, 기록할 때보다 낮은 파워의 레이저를 조사함으로써 공극을 소멸시키는 것이 가능하나, 구멍내기의 경우는 바꿔쓰기가 불가능하다. 그림 6·60에 Te-As-Se 계의 구멍내기 기록의 확대도를 보였다. 이 구멍내기 기록은 레이저 비디오 디스크 등에 응용되고 있다.

광 도핑에 의한 광메모리는 금속이 아몰퍼스막 속에 광에너지에 의해 확산하여 가는 현상을 응용한 것으로 금속 박막이기 때문에 저하되어 있던 광투과율이, 확산에 의해 회복되는 현상을 이용하는 것이 된다. 금속박막으로는 Ag나 Cu가 사용된다. 광조사에 의해 투과율이 변화한다.

이 광메모리는 고쳐쓰기가 되지 않으나, 고해상도의 것이 얻어진다. 광도핑의 응용례는 광투과율의 변화뿐만 아니고 전기적 특성이나 화학반응성 등도 변화하는 것을 이용하여 레지스트에의 응용도 진행되고 있다.

이와 같이 광기억소자의 응용에는 주로 칼코겐화물 유리가 사용되며, 더우기 광전변환장치와 같이 반도체로서의 특성이 아니라, 유리로서의 특성을 이용하여 이루어지고 있다. 사면체계 아몰퍼스재료의 광메모리로의 응용례도 있으나, 칼코겐화물계쪽이 구조의 유연성, 물에 대한 안정성, 비교적 낮은 파워의 광조사로서 큰 물성변화가 일어난다는 등의 점에서 우수하기 때문에 많이 사용되고 있다.

다만 기계적 강도가 작은 점, As 등을 사용한다는 점이 문제로 남아 있다.

## (6·7) 감광성 내식막(photoresist)·인쇄재료

앞 절에서 칼코겐화물 유리막의 광조사 때의 현상과 그 응용례를 보였으나, 여기서는 광구조변화(광흑화 현상)와 광도핑(doping)을 이용한 감광성 내식막재료와 인쇄재료에 대해 상세히 설명하겠다.

이것들은 광학특성의 변화를 이용한 것은 아니고 알칼리에 대한 용해성, 물이나 기름에 대한 친화성이 크게 변화하는 것을 이용한 것이다.

### 감광성 내식막재료

먼저 감광성 내식막(photoresist)에 대해 간단히 설명하겠다. IC나 LSI와 같이 사방이 수mm인 결정 Si기판 위에 수천 개 이상의 소자를 형성하기 위해서는 수십 $\mu$m이하(1 $\mu$m=1/1000mm)의 작은 소자와 배선패턴을 만드는 미세 가공기술을 필요로 한다. 감광성 내식막은 이 미세 가공기술없이는 되지 않는 감광성 물질이다. 예를 들면 독자들이 어떤 판위에 글자를 새기는 경우를 생각해 보자. 간단하게는 판을 녹이거나 또는 깍거나 함으로써 얻을 수가 있다. 그러나 이것을 우리의 머리카락의 1/10정도의 선폭인 수 $\mu$m로 새기려면 어떻게 하면 될까? 이와 같은 경우의 방법으로서 빛에 대해 특이한 감도를 나타내는 감광성 내식막재료를 사용하는 사진식각법(photo-lithography) 기술이 사용된다. 예를 들면 피가공물로서 Si 등의 기판 위에 이 감광성 내식막재료를 얇게 발라(coating)두고, 미리 유리판에 인화해 놓았던 회로 패턴마스크(hot mask)를 겹쳐서 빛을 조사한다(노광). 감광성 내식막은 빛이 조사된 부분이 감광되어 물성적으로 내약품성에 변화가 생기는 특성이 있다.

한편, 유리판의 패턴에 의해 차광된 부분은 그대로 특성을 계속하여 유지한다. 그 후 현상처리를 하면 마스크와 같은 패턴(양판형) 또는 반대패턴(음판형)의 내식막이 남는다. 다음에는 노출된 Si기판을 산 등으로 처리함으로써 Si의 미세가공이 가능하게 된다. 즉 감광성 내식막재료는 산 등의 액으로 녹이고 싶지 않은 부분을 원하는 패턴에 맞춰 커버하는 것을 목적으로 하고 있다. 따라서 감광성 내식막의 기본기능으로서, 빛에 의해 물성이 변화하여 패턴의 미세화가 가능하고 내약품성이 우수한 것 등을 들 수 있다. 종래 감광성 내식막재료로는 감광성의 유기고분자막이 사용되어 왔다. 감광성 내식막의 역할에 대해 조금은 이해가 된 단계에서 본론인 칼코겐화물 막을 사용한 감광성 내식막으로 이야기를 진행시키겠다.

Se-Ge계 칼코겐화물 유리막을 감광성 내식막으로 사용한 공정을 그림6・61에 보였다. 유기고분자의 감광성 내식막과 공정은 거의 같다. 먼저, 가공할 기판에 Se-Ge의 박막을 진공증착이나 스퍼터법으로 형성한다. 양판형으로서 사용하는 경우에는 그대로 마스크노광을 시켜 광흑화에 의해 노광부의 알칼리 용해성이 증가하는 것을 이용하여 알칼리로 현상한다. 음판형으로서 사용하는 경우에는 Se-Ge 막 위에 Ag의 박막을 증착하거나 $AgNO_3$로 용액에 담그는 등의 방법으로 형성시킨 후 노광한다. 광도핑에 의해 Ag가 확산하면, 이번에는 노광부의 알칼리 용해성이 작아진다. 거기서 표면의 Ag를 산으로 제거하고 알칼리

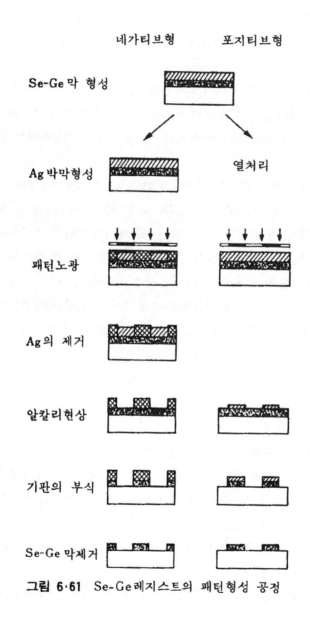

네가티브형　　　포지티브형

Se-Ge막 형성

Ag박막형성　　　열처리

패턴노광

Ag의 제거

알칼리현상

기판의 부식

Se-Ge 막제거

**그림 6·61** Se-Ge레지스트의 패턴형성 공정

현상을 하면 된다. 이와 같이 하여 양판형·음판형의 칼코겐화물 내식막을 패턴 가공한 후 기판의 부식(etching) 처리, 내식막(resist)의 제거를 한다.

종래의 유기고분자 내식막과 원리적인 차이는 없으나 증착이나 스퍼터법에 의해 큰 면적에서 막 두께가 균일한 것이 얻어지며 최고 분해능력이 1nm로 높고 빛만이 아니고 전자선 노광도 가능하다는 등의 특징이 있다.

또 칼코겐화물 감광성 내식막의 현상을 알칼리용액을 사용한 습식(wet)으로부터 $CF_4$가스의 플라즈마로서 하는 건식(dry)으로 하는 것이 가능하며, 미세 가공공정을 모두 자동제어의 간단한 건식으로서 할 수 있는 특징이 있다. 더우기 칼코겐화물 내식막에 n형 불순물(As 등)이나 P형 불순물(B 등)을 미리 함유시켜 패턴형성을 하여 열확산을 시키면 Si기판에 불순물을 확산시킬 수도 있다. 불순물 확산위치의 고정밀화, n형과 p형의 동시확산, 공정의 간략화 등이 이루어질 수 있다.

### 인쇄재료

앞에서 설명한 광도핑을 사용한 무처리인쇄로의 응용이 이루어지고 있다. 이것은 알루미늄기판에 Ge-S계의 칼코겐화물 유리막과 Ag를 동시에 증착한 후 Ag박막과 유기화합물 박막을 증착시키는 것으로, 유기화합물은 칼코겐화물 유리와 Ag가 광조사없이 반응하는 것을 방지하고 또한 Ag 표면의 친유성(기름과 친화성이 있는 성질)을 향상시키기 위해 사용되고 있다.

이 위에 인쇄물의 원화를 얹어서 노광하면 도핑에 의해 Ag가 칼코

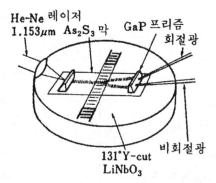

**그림 6·62** As₂S₃판의 광도파로에 의한 음향광학 광편향소자. 음향광학효과란 초음파에 의해 매질 중에 생긴 굴절률의 소밀파에 의해 빛이 회절하여 굴절, 반사, 산란을 받는 현상이다. 이 음향 광학재료로는 광산란과 흡수가 적고, 광탄성상수와 굴절률이 큰 것이 필요하며 As₂S₃는 그 응용레이다(Y. Ohmachi. J. Appl. Phys, 44. 1973, 3928에서).

겐화물 유리에 확산한다. 이 노광부 표면은 친수성이 된다. 미노광부는 친유성이기 때문에 인쇄잉크가 묻기 쉬워 곧 인쇄가 가능하게 된다. 이와 같이 현상처리에서 부식처리를 필요로 하지 않고, 인쇄기에 세트(set)가 가능한 재료가 개발되어 있으며, 1만 장 정도의 인쇄가 가능하며 컬러인쇄도 할 수 있다.

　Ge-S계 칼코겐화물 유리에서는 양판형의 인쇄재료로 되나, 본래 친유성이 높은 Ge-Sb-S계의 재료를 사용하면 음판형의 인쇄재료도 가능하게 된다.

표 6·4  칼코겐화물계 및 산화물계 유리의 적외투과 한계

| 유리 계 | 적외투과 한계파장 ($\mu$m) |
|---|---|
| $As_2S_3$ | 10.5 |
| $As_2Se_3$ | 17.8 |
| $SiO_2$ 계 유리 | 4.8 |
| $TeO_2$ 계 유리 | 6.3 |
| $CaO$-$Al_2O_3$ 계 유리 | 5.5 |
| $B_2O_3$ 계 유리 | 4 |

(6·8) 그 밖의 응용

이 밖에 칼코겐화물 아몰퍼스반도체는 광집적회로용의 광도파로
(광전력을 도파할 수 있는 구조의 것)도 응용되고 있다. 그 한 예를 보
이면 As-S계 유리가 투과파장역, 고굴절률성 등의 광학적 성질과 막제
조가 쉬운 점으로부터 그림6·62에보인 것과 같은 음향광학편광소자
로서도 응용되고 있다. 이 밖에 칼코겐화물 아몰퍼스반도체의 중요한
응용으로서는 적외투과재료로서 예로부터 사용되고 있으며, 특히 산화
물계 유리는 그 구성원소와의 결합으로 적외투과파장이 제한되고 있
다. 이것에 대해 표6·4에 보인 것과 같이 칼코겐화물 유리는 상당한
장파장까지 빛을 통과시킨다.

# 제 7 장
# 아몰퍼스합금

아몰퍼스물질은 제2장에서 설명했듯이 절연체, 반도체 및 금속으로 분류할 수 있다. 여기서는 그 중에서 아몰퍼스금속에 대해 그 특성과 응용면에 대해서 설명하겠다.

### (7 · 1) 아몰퍼스합금이란?

아몰퍼스합금은 1950년대에 저온증착법에 의해 처음으로 만들어지고, 1960년에는 액체급랭법이 발표되었다. 또 1970년대에는 천이금속에 비금속을 첨가함으로써 쉽게 아몰퍼스화된다는 사실을 알게 되었고, 또 새로운 제조법의 개발에 의해 대량생산이 가능하게 됨으로써 신소재로서 주목을 받고 있다. 응용제품에 흥미가 있는 독자는 (7 · 2)로 건너뛰어도 좋을 것이다.

### 아몰퍼스합금에는 어떤 종류가 있는가?

현재, 많은 종류의 아몰퍼스합금이 제4장에서 설명한 방법으로 형성되고 있으나, 어떤 것이라도 아몰퍼스합금이 되는 것은 아니며, 어떤 조건을 만족하여야 한다. 먼저 합금이 되는 구성원소의 종류와 그 조성비가 중요한 포인트가 된다. 현재 얻어지고 있는 아몰퍼스합금은 그림 7 · 1에 보인 것과 같이 다음의 3종류로 대별할 수 있다.

　①천이금속과 비금속의 합금으로서 비금속이 20~30원자%의 조성의 것, ②금속-금속계 합금으로서 원자반경이 크게 다르거나 또는 공

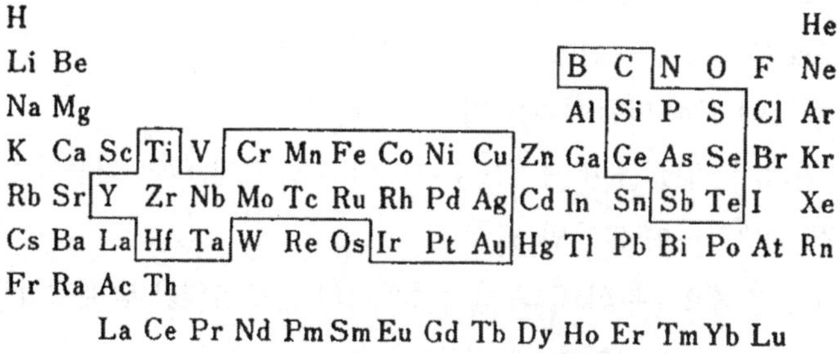

```
H                                                    He
Li Be                                    B  C  N  O  F  Ne
Na Mg                                    Al Si P  S  Cl Ar
K  Ca Sc Ti V  Cr Mn Fe Co Ni Cu Zn Ga Ge As Se Br Kr
Rb Sr Y  Zr Nb Mo Tc Ru Rh Pd Ag Cd In Sn Sb Te I  Xe
Cs Ba La Hf Ta W  Re Os Ir Pt Au Hg Tl Pb Bi Po At Rn
Fr Ra Ac Th
        La Ce Pr Nd Pm Sm Eu Gd Tb Dy Ho Er Tm Yb Lu
```

① 천이금속과 비금속의 합금

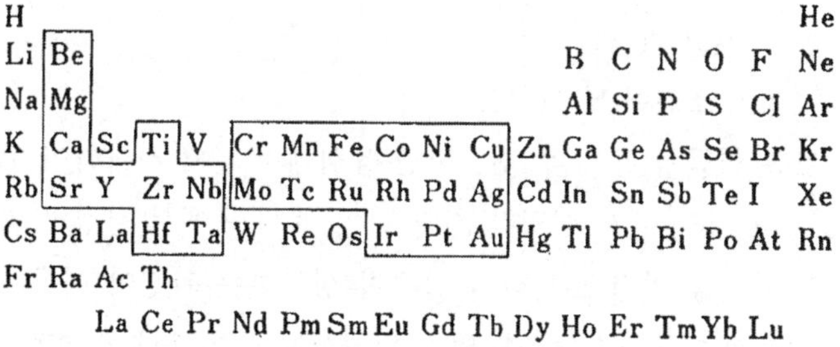

```
H                                                    He
Li Be                                    B  C  N  O  F  Ne
Na Mg                                    Al Si P  S  Cl Ar
K  Ca Sc Ti V  Cr Mn Fe Co Ni Cu Zn Ga Ge As Se Br Kr
Rb Sr Y  Zr Nb Mo Tc Ru Rh Pd Ag Cd In Sn Sb Te I  Xe
Cs Ba La Hf Ta W  Re Os Ir Pt Au Hg Tl Pb Bi Po At Rn
Fr Ra Ac Th
        La Ce Pr Nd Pm Sm Eu Gd Tb Dy Ho Er Tm Yb Lu
```

② 금속－금속계 합금

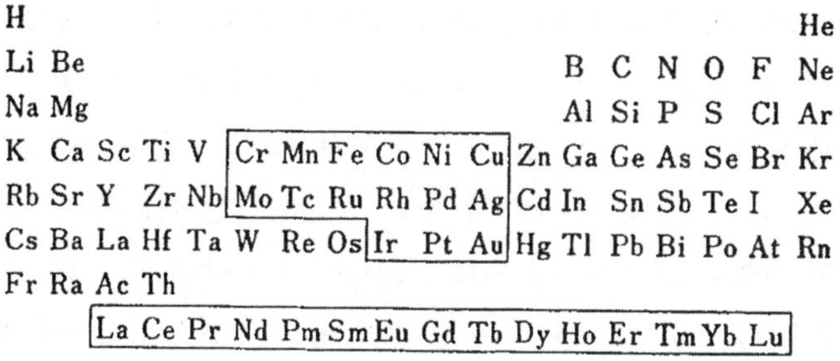

```
H                                                    He
Li Be                                    B  C  N  O  F  Ne
Na Mg                                    Al Si P  S  Cl Ar
K  Ca Sc Ti V  Cr Mn Fe Co Ni Cu Zn Ga Ge As Se Br Kr
Rb Sr Y  Zr Nb Mo Tc Ru Rh Pd Ag Cd In Sn Sb Te I  Xe
Cs Ba La Hf Ta W  Re Os Ir Pt Au Hg Tl Pb Bi Po At Rn
Fr Ra Ac Th
        La Ce Pr Nd Pm Sm Eu Gd Tb Dy Ho Er Tm Yb Lu
```

③ 회토류－철족계 합금

그림 7·1 아몰퍼스합금의 분류
　① 천이금속에 20~30원자%의 비금속을 넣은 것
　② 좌우의 천이금속끼리를 넣은 합금
　③ 회토류금속과 철족계의 합금

정 조성 부근의 것, 및 ③희토류-철족계 합금이다. ①및 ②는 주로 융액으로부터의 급랭법에 의해서 만들어지며, ③은 스퍼터링 또는 전자빔 증착에 의해 만들어지는 자성막이다.

여기서 예를 들어 융액으로부터의 초급랭에 의한 아몰퍼스의 형성조건을 생각하여 본다면

   (1) 융점으로부터 유리 전이점까지의 온도영역을 임계냉각속도

      이상으로 통과한다.

   (2) 상온으로 방치하여도 결정화하지 않기 위한 구조 안정인자를

      갖고 있다.

의 두 가지 조건이 필요하다.

보통 합금을 용융 후 냉각하면 융점에서 굳기 시작하여 고체로 된다. 이때 제4장에서 설명한 것과 같이 액체 속에서 결정의 핵이 형성되고, 이것을 기점으로 하여 결정이 성장하는 과정이 이루어지고 있다. 그래서 아몰퍼스상태를 얻기 위해서는 액체 속에 결정핵이 발생하지 않거나, 또는 결정이 성장하는 데에 필요한 시간적 여유를 주지 않는 빠른 속도로 냉각하면 된다. 이 한계의 냉각속도를 임계 냉각속도라고 한다. 이 값이 작을수록 아몰퍼스화하기 쉬워진다고 말할 수 있다. 예를 들면 예로부터 얻어지고 있는 규산유리의 경우는 임계냉각속도가 $10^{-1} \sim 10^{-2}$ ℃/sec로 상당히 작고, 아몰퍼스상태(유리)로 되기 쉽다. 한편 아몰퍼스합금의 경우 $10^2$ ℃/sec이상이라는 큰 값을 갖고 있어, 실제로 제작장치로 얻어지는 냉각속도에도 한계가 있기 때문에($10^8$ ℃/sec) 아몰퍼스화하기 위해서는 합금조성의 검토가 중요하게 된다.

그래서 (1)의 조건에 대해서는 공정을 생각할 수 있다. 공정이란 두 종류 이상의 상이 같은 온도에서 동시에 응고하여 혼합된 조직이다. 즉, 공정형의 합금에서는 공정조성 부근에서는 융점이 상당히 내려가

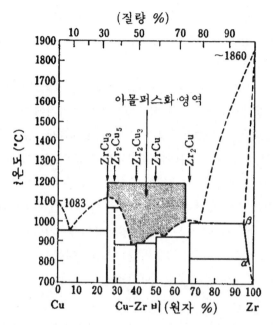

**그림 7·2 Cu-Zr합금 평형상태도와 아몰퍼스형성 농도 범위(『금속 데이터 북』 일본금속학회편에서)**

있기 때문에 융점과 유리 전이점과의 온도차가 작아지고, 이 온도 영역을 재빨리 통과할 수 있게 되어 아몰퍼스화하기 쉽다. 특히 공정형의 평형상태도(조성과 온도에 따라서 어떤 상이 나타나는가를 가리키는 그림)에서, 깊은 골짜기를 갖는 합금은 융점과 유리 전이점과의 온도차가 특히 작아지게 되어 아몰퍼스화에 유리하다.

그림7·2에 금속-금속계 아몰퍼스합금의 대표적인 예로서 Cu-Zr 합금의 평형상태도를 보였다. 이 그림에서 그늘진 부분의 조성이 아몰퍼스화를 실현할 수 있다. 이것은 공정형의 합금이며 앞에서 말한 이유 때문에 공정 조성 부근에서 아몰퍼스가 형성되기 쉽다는 것을 알 수 있다.

(2)에 대해서는, 상온부근에서도 안정한 아몰퍼스합금을 얻기 위해서는, 원자지름이 작은 비금속, 예를 들면 B, Si, P과 같은 유리형성 원소가 필요하다.

제3장에서 말한 것과 같이 아몰퍼스상태는 열역학적으로는 비평형상태라고 생각되고 있다. 즉 실온에서도 열에너지에 의해 구성원자의 재배열이 일어나고, 보다 안정한 결정상태로 되려는 경향이 있다. 그래서 원자지름이 큰 원자 사이에 원자지름이 작은 원자가 함유되어 있으면, 구성원자의 운동을 억제하여 안정상태를 유지하게 된다. 구슬을 예로 들어 생각한다면, 구슬이 꽉 찬 상자 속에서 안정한 상태를 얻기 위해서는 틈새에 지름이 작은 구슬을 넣어가면 될 것이다.

예를 들면 금속-비금속계 아몰퍼스합금에서는 원자 지름이 작은 비금속원자가 금속원자의 틈새에 들어가 구조를 안정화시키고 있다고 생각할 수 있다. 그러나 이때 비금속원자의 지름이 금속원자의 지름보다 충분히 작아야 할 필요가 있으나, 이것만으로는 비금속의 종류나 조합의 영향을 충분히 설명할 수 없다. 예를 들면 금속-비금속원자 사이의 화학적 결합에너지가 기여하고 있다고 생각되나 현재까지도 결정적인 이론은 없으며 앞으로의 해명이 기대되고 있다.

## 아몰퍼스합금은 전자기적으로 어떻게 다른가?

앞에서 말했듯이 아몰퍼스합금은 장거리질서를 갖지 않고 단거리질서를 가진 원자구조를 하고 있기 때문에, 이 특이한 구조에 의해 기존의 재료와는 약간 다른 아몰퍼스 특유의 전자기적 성질을 갖고 있다. 여기서는 이것들 중에서 대표적인 특성에 대해 설명하겠다.

①고밀도기록이 가능한 자성을 갖는다.

아몰퍼스합금을 사용한 자기메모리재료는 고밀도기록을 실현할 수 있는 가능성을 갖고 있다. 여기서 자기메모리재료라고 하여도 쉽게 머리에 떠오르지 않을지도 모르겠으나, 예를 들면 독자들이 많이 사용하고 있는 오디오(audio)용 카세트테이프나 비디오테이프 등도 자기메모리의 하나이다. 이것들은 플라스틱 필름 위에 자성을 가진 막을 바르거나 증착하는 방법으로 형성한 구조로서, 이 테이프에 자기헤드라고 부르는 전자부품으로 자화(물체가 자기를 띠는 현상)를 제어하여 정보 (신호)의 기입(기록), 판독(재생), 소거(제거)를 하고 있다. 이것들과 테이프와는 별도로 얇은 원반 위에 자성막을 형성한 것이 있다. 이것이 자기디스크 (disk)로 컴퓨터의 자기메모리 등에 사용되고 있다.

이들 자기메모리는 간단히 기록, 재생 등을 할 수 있어야 하나, 게다가 대용량, 소형화를 실현하기 위해 고밀도 기록이 요구되고 있다. 아몰퍼스합금 자성재료는  뒤에서 말하는 아몰퍼스 특유의 성질에 의해 고밀도기록이 가능하다. 즉, 아몰퍼스합금에서는 조성의 자유도가 크고, 조성을 변화시킴으로써 자기특성을 크게 변화시킬 수가 있다. 여기서 고밀도기록을 실현할 수 있는 아몰퍼스합금이 갖는 자기특성에 대해서 좀더 자세히 설명하였다.

아몰퍼스합금에서는 보통 3d전자를 갖는 천이금속과 비교적 가벼운 B, Si, P 등의 비금속의 조합으로써 강자성이 나타난다. 강자성체에는 원자자기모멘트(moment)의 배열방법에 따라 강자성 (ferromagnetism), 준강자성(ferrimagnetism) 등으로 분류된다. 강자성이란 그림7 · 3에 보인 것과 같이 하나의 자구(magnetic domain) 내에서 원자가 갖는 자기모멘트가 서로 평행하게 같은 방향으로 배열하려는 성질이다. 이때 비금속원자는 금속원자의 틈새에 약 20~30원

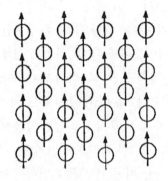 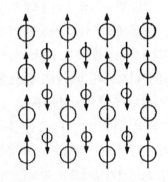

**그림 7·3** 강자성에서 자기
모멘트의 배열

**그림 7·4** 준강자성에서 자기
모멘트의 배열

자% 정도가 위치하여, 제4장에서 설명한 아몰퍼스화를 위한 조건을 만족하고 있고, 아몰퍼스 형성 능력을 크게 하여 액체의 급랭각에 의한 아몰퍼스상태를 실현하는 데에 기여하고 있다.

　한편 준강자성은 희토류금속과 천이금속의 아몰퍼스합금으로 실현된다. 준강자성이란 그림7·4에 보인 것과 같이 두 종류의 원자가 갖는 자기모멘트가 서로 반대방향으로 배열하려는 성질이다. 이 때문에 준강자성을 갖는 아 몰퍼스합금의 포화자화는 그 화학적 조성에 민감하다. 왜냐하면 관측되는 자화는 희토류금속의 자기모멘트의 합계와 천이금속이 갖는 반대방향의 자기모멘트의 합계와의 관계에 의해서 정해지고, 쌍방의 자기모멘트의 합계의 크기의 절대값이 비슷하므로 조금만 조성이 틀리면 그 영향이 크게 나타나기 때문이다. 예를 들면 $Gd_{25}Fe_{75}$합금에서 조성이 2% 변화하면 순자화는 약 2배로 증가한다. 또 조성에 따라서는 자화가 제로에 가까운(쌍방의 자기모멘트의 합의 크기의 절대값이 같은)자기보상조성이 존재한다. 조금 어려울지 모르지만 이것은 다음과 같이 생각하면 이해할 수 있을 것이다.

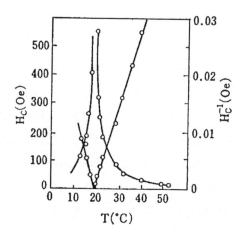

**그림 7·5** GdCo막의 보자력의 온도특성(T. Hishii et al, J. Appl. Phys, 16, 1977, 1467에서)

방안에 남녀의 어린이가 있다고 하자. 여기서 방은 자구(자기 구역) 이며 남녀의 어린이는 각각의 원자를 나타낸다. 어린이의 합계는 100 명이며 남자 어린이가 25명, 여자 어린이가 75명이며, 남자 어린이는 1 인당 27kg의 짐을 왼쪽에서부터 오른쪽으로 운반하고, 여자 어린이는 1인당 10kg의 짐을 오른쪽에서부터 왼쪽으로 운반한다고 하자. 이 운반하는 힘을 자기모멘트라고 생각할 수 있다. 그 결과 방 전체에서는 10×75-27×25=75로 되어 75kg의 짐을 오른쪽에서부터 왼쪽으로 이동시키는 것이 된다. 즉, 오른쪽에서부터 왼쪽으로 75kg의 크기로서 자화되고 있다고 생각할 수 있다. 여기서 조성이 변화, 즉 남녀 어린이 의 비가 바뀌었다고 하자. 예를 들어 남자 어린이가 23명, 여자 어린이 가 77명이라고 하면, 방 전체에서는 149kg의 짐이 오른쪽에서부터 왼 쪽으로 이동한 것이 된다. 즉, 오른쪽에서부터 왼쪽으로의 자화가 149 로 약 2배로 되었다고 생각할 수 있다. 이와 같이 100명 중에 단 2명의

증감으로써 자화가 2배로 증가하여 조성에 민감하다는 것을 알 수 있다. 또 27명, 73명으로 되었다면 자화는 1이 되어 거의 제로에 가까와진다. 이 때의 조성을 자기보상조성이라고 한다.

또 이 자발자화는 온도변화에 대해서도 흥미로운 성질을 나타내어, 어떤 것은 그림7·5에 보인 것과 같이 자화의 반전온도(자화가 제로에 가까와지는 자기보상온도)를 갖는다. 이것은 희토류금속원자와 천이금속원자의 자기모멘트의 온도의존성이 다르기 때문에, 어떤 온도에서는 쌍방의 자기모멘트의 합의 절대값이 같아져서 상쇄효과를 나타낸다. 이 보상온도 부근에서는 보자력(자화를 제로로 하는 자계)이 특이하게 증대한다.

이것은 앞에서 말한 방안의 남녀 어린이를 예로 한다면, 온도에 따라 어린이가 운반하는 짐의 양이 변화하는 것으로 설명할 수 있다. 즉 온도가 높아지면 어린이는 지쳐서 운반하는 양이 줄어들고, 여자 어린이는 보다 지치기 쉽기 때문에 운반량이 크게 감소한다. 예를 들면 남자 어린이가 25kg에서 24kg으로 되고, 여자 어린이는 10kg에서 8kg으로 되었다고 하면 방 전체로는 $8 \times 75 - 24 \times 25 = 0$이 되어 자화가 감소한다. 이때의 온도를 자기보상온도라고 한다.

준강자성을 갖는 아몰퍼스합금은 포화자화가 제로에 가까와지는 자기보상조성이나 보상온도를 가지며 이 부근에서는 포화자화가 작기 때문에 수직자화막(보통의 자성막에서는 자화는 막면 안으로 향하고 있는데 대해, 막면과 수직방향으로 자화가 향한 자성막)이 얻어지기 쉽다. 수직자화막에서는 단위 기록의 면적을 작게 할 수 있기 때문에 고밀도기록의 자기 메모리재료로서의 응용을 생각할 수 있다.

②에너지 절약을 실현할 수 있는 자성을 갖는다. 아몰퍼스합금은 뒤에서 설명하는 이유 때문에 여분의 에너지를 사용하지 않고 자화의 방

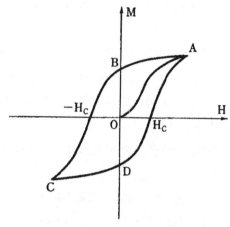

**그림 7·6 강자성체의 이력곡선**

향을 생각할 수 있는데서 손실이 적은 전력용 변압기로의 응용을 생각할 수 있다. 일반적으로 강자성재료로는 영구자석으로 대표되는 경자성재료와 퍼멀로이(permalloy)·규소 강판으로 대표되는 연자성재료로 분류된다. 여기서는 연자성에 대해 좀 더 자세히 설명하겠다.

강자성체는 자발자화의 방향이 가지런한 자구라고 불리는 소구획이 집합한 구조를 하고 있다. 외부자계가 없을 때는 각각의 자구가 제멋대로 사방으로 향하고 있어 전체로는 자화가 없어진 상태로 되어 있다. 여기에 자계 H를 가하면 자화 M은 이력곡선(hysterisis loop)을 그린다. 이 상태를 그림7·6에 보였다. 이 그림에 보인 것과 같이 A점으로부터 자계를 작게 하여 가면 B점에서는 H가 제로가 되어도 자화는 제로가 되지 않는다. 이것을 잔류자화라고 한다. 다시 H를 반대방향으로 크게 하여 가면 $-Hc$에서 자화는 제로가 된다. 이 때의 Hc를 보자력(coercive force)이라고 한다. 이 보자력이 작은 재료가 연자성재료이다. 즉, 연자성재료에서는 보자력이 작기 때문에 간단히 자화의 방향을 반전시킬 수가 있다.

또한 그림7·6에서 곡선ABCDA로 둘러싸인 면적은 이력손실에 대응한다. 이력손실은 교류자계를 가했을 때, 자성내부에서 소비하는 에너지(반대의 자화로 하는데 필요한 여분의 에너지)를 나타내며 보자력이 작을수록 이력손실은 작다.

이와 같이 아몰퍼스합금은 구조상의 특징으로부터 손실이 적은 자성재료를 실현시킬 수 있다. 결정의 경우는 원자가 규칙적으로 배열되어 있기 때문에 그 결정방향에 의해 자성특성이 다른 결정 자기이방성을 갖고 있고, 이 결정 자기이방성이 자기이방성에 가장 큰 영향을 주고 있는 데, 아몰퍼스합금의 경우는 앞에서 말한 것과 같이 그 구조에 의해 결정 자기이방성을 갖지 않는다. 그러나 아몰퍼스합금에서도 반드시 충분히 균질한 구조라고는 할 수 없으며, 자성체 내부에 약간의 장애물이 존재하거나 자기이방성이 존재한다. 이 자기이방성은 아몰퍼스합금의 경우 자성체 내부의 스트레인에 의해 발생하기 때문에, 자화의 변화에 대해 장애가 되어, 자화의 반전에 이 장애를 뛰어넘을 수 있는 여분의 에너지를 필요로 한다. 따라서 열처리를 함으로써 내부응력을 감소시킬 수 있으며 연자성을 더욱 개선할 수 있다.

③스트레인을 적극적으로 이용한다.

보통 자성체에 자계를 가하면 자성체에 스트레인(비틀림)이 발생한다. 이것이 자기변형(magnetostriction)이라고 불리는 것으로 자계의 변화에 대해 이력을 갖는다.

아몰퍼스합금 자성체는 조성을 선택하는데 따라서 자기변형을 변화시킬 수가 있다. 예를 들면 자기변형이 제로인 조성의 아몰퍼스합금은 자기변형에 의한 접동 잡음(sliding noise)이 적은 자기헤드를 실현

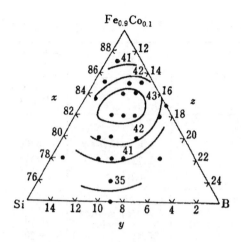

**그림 7·7** (Fe₀.₉Co₀.₁)ₓSiᵧBᵤ 아몰퍼스 강자성체의 자
기변형상수의 조성의존성(K. I. Arai and N. Tsuya,
J. Appl. Phys., 49, 1978, 1718에서)

할 수 있다. 또 적극적으로 자기변형을 이용하는 것도 생각할 수 있다.
즉, 큰 자기변형을 갖는 아몰퍼스합금 강자성체를 사용하여 초음파진
동자나 자기변형지연성 등으로의 응용을 꾀하는 것이다.

그림7·7에(Fe$_{0.9}$Co$_{0.1}$)$_x$ Si$_y$ B$_z$ 아몰퍼스 강자성합금의 조성
비에 대한 자기변형상수를 보였다. 이 그림으로부터 조성비에 따라서
35∼43으로 크게 변화하는 동시에 비금속의 종류에 따라서도 변화한다
는 것을 알 수 있다. 이것은 임의의 자기변형상수를 갖는 자성체를 만
들 수 있다는 것을 가리키고 있다.

또한 인바(invar)특성을 나타내는 아몰퍼스합금 자성체가 있다. 인
바특성이란 실온 부근에서 열팽창계수가 제로가 되는 성질로서, 원인
으로는 플러스의 열팽창과 자발자화에 의한 자기변형의 온도변화에 수
반되는 마이너스의 열팽창이 상쇄되어 전체적으로 열팽창이 작아졌다

표 7·1 결정, 용융, 아몰퍼스금속의 전기저항

| 종류 | 비저항 $\rho(\mu\Omega\cdot cm)$ | 온도계수 $\left(=\dfrac{1}{\rho}\dfrac{d\rho}{dT}\right)$ $(10^{-5}K)$ | 평균 자유행로 $\Lambda e(\text{Å})$ |
|---|---|---|---|
| **결정금속** | | | |
| Na | 4.6 (at 300K) | 546 | 350 |
| Cu | 1.72( 〃 ) | 433 | 420 |
| Ag | 1.62( 〃 ) | 430 | 570 |
| **용융금속** | | | |
| Cu | 21.1$\left(\begin{array}{c}\text{at melting}\\\text{point}\end{array}\right)$ | 40 | 34 |
| Zn | 37.4( 〃 ) | $-20$ | 13 |
| $Cu_{0.70}Ge_{0.30}$ | 87 ( 〃 ) | | 6.3 |
| $Fe_{0.60}Ge_{0.40}$ | 150 ( 〃 ) | | 3.5 |
| **아몰퍼스금속 金屬** | | | |
| $Ni_{0.13}Pd_{0.67}P_{0.20}$ | 130 | 15 | 4.5 |
| $Ni_{0.73}Pd_{0.07}P_{0.20}$ | 124 | 7 | 4.3 |
| $Nb_{0.40}Ni_{0.60}$ | 150 | $-7$ | 2.8 |
| $Ni_{1-x}P_x$ | 100~180 | $+15\sim-5$ | 3.4 |
| $Pd_{0.80}Si_{0.20}$ | 86 | 8 | 7.1 |
| Pd-Cu-P | 150~260 | $+7\sim-8$ | |
| Pd-Ni-P | 130~260 | $+13.5\sim-7$ | |
| $C_{0.82}O_{0.18}$ | 105 | $+$ | |
| $La_{0.80}Au_{0.20}$ | 200~400 | $+10$ | 2.4 |
| $La_{0.80}Ca_{0.20}$ | 170 | | 3.6 |
| $Zr_{0.75}Rh_{0.25}$ | 220 | | 2.1 |
| $Cu_{0.60}Zr_{0.40}$ | 350 | $-9$ | 1.5 |
| $Zr_{1-x}Pd_x$ | 300 | $-11$ | 0.2 |

는 것을 생각할 수 있다.

이 합금은 온도변화에 의한 열팽창계수가 작다는 온도 특성을 이용하여 계측관계의 기기나 정밀기계에 응용된다.

④왜 전기저항이 높은가?

아몰퍼스합금의 전기저항은 보통의 합금($2\sim50\,\Omega\,cm\cdot cm$)에 비해 수 배가 높고 비저항이 $50\sim350\,\mu\Omega\cdot cm$정도이다. 이것은 아몰퍼스합금에서는 장거리질서를 갖지 않기 때문에 에너지띠의 미세한 구조가 흐릿하게 되어 있고, 전도전자는 금방 산란되어 버린다. 즉 전자가 통과하는 길이 울퉁불퉁하며, 산란되지 않고 진행할 수 있는 평균거리(평균자유행로)는 결정과 비교하여 한 자리가 작으며 원자간 거리정도-수 A정도로 짧은 것에 기인하고 있다.

표7·1에 결정, 용융금속, 아몰퍼스합금의 비저항, 온도계수 및 평균자유행로를 보였다. 이 표에 보인 것과 같이 온도계수도 아몰퍼스합금은 꽤나 작고, 용융금속과 비슷한 거동을 나타낸다. 이것은 아몰퍼스합금과 용융금속의 전자구조가 유사하다는 것을 가리키고 있다.


## 아몰퍼스합금은 기계적으로 어떻게 다른가?

아몰퍼스합금은 그 불규칙한 구조 때문에 일반적인 결정에서 생각할 수 있는 것과 같은 격자층모양의 불규칙적인 전위가 없거나 전위밀도가 극한적으로 높고, 전위가 이동하기 어려운 상태에 있다고 생각할 수 있다. 이와 같은 구조의 재료에서는 기계적 강도가 매우 높다고 생각된다. 왜냐하면 기계적 강도는 전위의 거동에 지배되고 있기 때문이며, 보통 금속의 강도는 전위가 없는 완전 결정 금속에 비해 2자리 이상이나 작다는 것을 알고 있기 때문 이다.

①강도와 인성을 더불어 갖는다.

표 7·2 아몰퍼스합금의 역학적 특성

| 조성 | Young률 $E$(GPa) | 강성률 $G$(GPa) | 체적강성률 $B$(GPa) | poisson비 $\nu$ | Vickers경도 $H_r$(GPa) | 인장강도 $\sigma_f$(GPa) |
|---|---|---|---|---|---|---|
| $Fe_{0.80}B_{0.20}$ | 168 | 64.9 | 141 | 0.30 | 10.8 | 3.43 |
| $Fe_{0.80}P_{0.13}C_{0.07}$ | 122 | | | | 7.45 | 3.04 |
| $Fe_{0.78}Si_{0.10}B_{0.12}$ | 157 | | | | 10.1 | |
| $Fe_{0.06}Co_{0.74}B_{0.20}$ | 175 | 66.7 | 162 | 0.32 | 10.8 | |
| $Co_{0.78}Si_{0.10}B_{0.12}$ | 149 | | | | 9.56 | |
| $Co_{0.34}Cr_{0.28}Mo_{0.20}C_{0.18}$ | | | | | 13.7 | |
| $Ni_{0.49}Fe_{0.29}P_{0.14}B_{0.06}Si_{0.02}$ | 132 | 48 | 170 | 0.37 | 7.74 | 4.02 |
| $Ni_{0.80}P_{0.20}$ | 103 | 36.7 | 161 | 0.394 | | |
| $Nb_{0.50}Ni_{0.50}$ | 132 | | | | 8.75 | |
| $Cu_{0.50}Zr_{0.50}$ | 85.3 | | | | 4.02 | 1.86 |
| $Cu_{0.50}Ti_{0.50}$ | 96.7 | | | | 5.98 | |
| $Pd_{0.80}Si_{0.20}$ | 80.5 | 28.2 | 160 | 0.416 | 3.19 | 1.33 |
| $Pd_{0.775}Cu_{0.06}Si_{0.165}$ | 88 | 31.3 | 165 | 0.41 | 4.46 | 1.27 |
| $Ca_{0.65}Al_{0.35}$ | 39.6 | | | | 2.61 | |
| Ti (다결정) | 107 | 39.2 | 126 | 0.36 | 0.59 | 0.233 |
| Fe (다결정) | 205 | 80.0 | 171 | 0.28 | | 0.216 |
| Co (다결정) | 216 | 82.1 | 190 | 0.31 | | 0.245 |
| Ni (다결정) | 228 | 79.0 | 183 | 0.30 | 0.59 | 0.316 |
| Cu (다결정) | 123 | 45.5 | 136 | 0.35 | | 0.213 |
| Pd (다결정) | 134 | 43.6 | 196 | 0.39 | 0.373 | 0.172 |
| Cr | | | | | 1.27 | 0.412 |

아몰퍼스합금은 강하고 질긴 성질을 갖고 있다.

표7·2에 아몰퍼스합금과 다결정의 역학적 특성을 보였다. 이 표에 보인 것과 같이 아몰퍼스합금은 빅커스(Vickers) 경도와 인장강도가 크고 고경도이며 고강도라는 것을 알 수 있다. 그러나 세로방향의 탄성을 가리키는 영(Young)률(탄성율)이나 가로방향의 탄성을 가리키는 강성률은 결정금속과 비교하여 수십%나 작다. 이것은 아몰퍼스 중의 원자가 준안정적 위치에 있으며, 부분적인 변위가 생기기 쉽고, 외력이 가해지면 안정한 위치로 옮겨지기 때문이라고 생각된다. 아몰퍼스합금의 또 하나의 커다란 특징은 인성이 있다는 것이다. 일반적으로 결정금속에서는 경도가 높은 재료는 무른 성질을 나타내나, 아몰퍼스합금은 고강도와 상당한 인성을 갖고 있다. 이것은 아몰퍼스합금에서는 균열성장 때, 균열선단의 소성 변형에 큰 에너지를 필요로 하지 않으므로 소성변형 능력이 매우 크기 때문에 인성을 발휘하고 있다고 생각된다.

②화학적 성질

아몰퍼스합금의 화학적 성질 중의 하나는 매우 높은 부식성이다.

일반적으로 부식은 화학포텐셜의 차이에 의한 전기화학 반응이며, 금속의 부식은 결정립계에서 발생하는 입계부식, 기계적인 힘의 작용에 의해 발생하는 응력부식, 구멍 모양의 흠을 만드는 공식 등의 국부부식이 주이다. 이들과는 달리 부식형태로서 금속표면 전체가 부식하는 전면부식이 있으나, 이 경우는 화학적으로 안정한 산화피막이 형성되고 부식은 그 이상 진행하지 않는 경우가 있다. 이것을 자기부동태화라고 한다. 이와 같은 물질은 결정합금에서도 존재한다. 독자들도 알고 있는 녹이 슬지 않는 금속, 스테인리스가 이것의 한 예다. 이것은 Fe와 Cr, Ni 등의 합금으로서 표면에 Cr의 산화피막이 생겨 보호막으로서 작용하여 부식의 진행을 방해하고 있다. 한편 아몰퍼스합금은 결정상에서 볼 수 있는 것과 같은 입계, 전위 등의 불균일 구조를 함유하지 않고, 표면에 국부적인 화학포텐셜 차가 생겨서 국부부식이 진행되는 가능성이 작기 때문에 높은 내식성을 실현할 수 있다. 예를 들면 Cr을 함유하는 아몰퍼스합금은 표면에 옥시수산화크롬 수화물 $CrO_x(OH)_{3-2x} \cdot nH_2O$를 주성분으로 하는 부동태피막이 균일하게 형성된다. 이 피막은 용해속도가 합금 자신의 용해속도에 비해 매우 작기 때문에 우수한 내식성을 나타낸다. 이 예로는 Fe-Cr-P-C 아몰퍼스합금이 있다. 이 아몰퍼스합금은 12N, 60 ℃의 염산수용액(농염산이라고 불리는 것) 중에서도 부식이 거의 일어나지 않고, 결정성 내식합금인 하스텔로이(Hastelloy: Fe-Ni-Mo) 등보다 더 고도의 내식재료이며 기계적 강도도 우수하다. 이런 사실들은, 아몰퍼스합금이 내식성을 부여하는 유효원소를 두드러지게 농축하는 능력을 가지고 있으며 부동태피막이 빨리 형성되기 때문이라고 생각된다.

아몰퍼스합금의 또 하나의 화학적 성질에 촉매작용이 있다. 일반적으로 아몰퍼스물질이 결정보다 높은 활성, 선택성, 안정성을 나타낸다. 이 높은 활성의 원인으로는 반응기구의 차이보다도 표면적당의 활성점이 많기 때문이라고 생각된다. 일반적으로 촉매로 되는 금속에서는 결함이 많은 구조의 것이 보다 높은 활성을 나타낸다. 이것은 촉매반응을 일으키는 경우가 많기 때문이라고 생각된다. 아몰퍼스의 경우 그 구조상의 특징으로부터 이와 같은 장소(활성점)가 많다고 생각된다.

현재 이 아몰퍼스합금의 내식성과 촉매작용을 모두 이용하여 전극재료로의 응용이 생각되고 있다.

## (7·2) 아몰퍼스합금의 응용

아몰퍼스합금은 최근, 롤(roll)급랭법에 의한 대량생산이 가능하게 되어 아몰퍼스 특유의 성질을 살린 응용 제품이 실용화 또는 실용화되어 가고 있다. 또, 아몰퍼스합금이 현재 실용화되는 이유로는 다음의 두 가지를 생각할 수 있다. 하나는 아몰퍼스합금에서는 복수의 성질을 재현할 수 있다는 점이다. 예를 들면 자기헤드재료에는 고투자율, 고자속밀도, 저보자력, 저자기변형, 내마모성 등의 성질이 필요하게 되나, 결정재료에서는 이들 모두를 만족할 수 없었다. 아몰퍼스재료에서는 조성비를 선택함으로써 이들 복수의 성질을 더불어 가질 수가 있다. 두 번째는, 각종 특성을 연속적으로 변화시킬 수 있다는 점이다. 즉, 아몰퍼스합금에서는 제3장에서 말한 것과 같이 형성가능한 조성비의 범위가 넓고, 목적에 따라서 자유롭게 조성비를 선택할 수 있다. 그런데 이 아몰퍼스 특유의 성질 중 가장 중요한 것은 장거리질서가 없다는 것이다. 장거리질서가 없다고 하여도 단거리질서는 갖고 있다. 여기서는 이 특징에 기인하는 특성을 이용한 응용제품 중 대표적인 것에 대해 설명하겠다.

### 고성능 자기헤드

아몰퍼스합금 중에서 현재 이미 실용화되어 시장에 공급되고 있는 것 중의 하나로 아몰퍼스합금 자성재료를 사용한 자기헤드가 있다. 이 자기헤드는 독자들이 잘 알고 있는 오디오 테이프 레코더나 비디오 테이프 레코더, 전자 계산기 등의 정보(신호)기록, 재생용에 사용되고 있는 전자부품으로서, 정보의 입출력을 담당하는 매우 중요한 구성부품이다.

보통 이 자기헤드용 재료로는 Mo-퍼멀로이합금이 사용되고 있으나, 최근에 자기테이프로 보자력이 큰 금속테이프가 나옴으로써 보다 고투자율이고 포화자속밀도가 큰 자기헤드재료가 요구되고 있다. 아몰퍼스합금 자성재료는 앞에서 말한 아몰퍼스 특유의 성질을 갖고 있기 때문에, 자기헤드용 재료로서 사용하는 경우 다음에 설명하는 것과 같은 특징을 갖고 있다.

①효율이 높다.

아몰퍼스합금은 결정의 경우와는 달리 장거리질서를 갖지 않기 때문에 구조의 이방성이 매우 작고, 그 결과 결정 자기이방성을 갖지 않는다. 이 결정 자기이방성은 투자율에 큰 영향을 주는 것으로서 자기이방성이 작을수록 높은 투자율을 얻을 수 있다. 따라서 아몰퍼스합금 자성재료를 사용한 자기헤드는 일반적인 것에 비해 큰 기록 효율 및 재생 효율을 얻을 수가 있다.

②잡음이 적다.

아몰퍼스합금은 결정성 재료에서 볼 수 있는 결정립계, 석출물, 격자결함 등이 존재하지 않는다고 생각되며, 만일 존재한다고 해도 균일하게 분포된 모양이라고 생각된다. 일반적으로 이들이 자화나 자화의 반전에 대한 장애물이라고 생각되나 아몰퍼스합금의 경우, 앞에서 설명한 이유 때문에 장애물로 되기 어렵다. 그래서 이들이 원인이 되는 보자력(자화를 제로로 하는데 필요한 반대방향의 자계)이 작은 것을 얻을 수가 있다. 그 결과 자기헤드에 남는 잔류 자화에 의한 대자잡음을 감소시킬 수가 있다.

**그림 7·8** 각종 음향기기용 아몰퍼스합금 자기헤드. 아몰퍼스합금박막의 응용 중에서 가장 대량 생산되고 있다.

또 아몰퍼스합금은 자기변형(자제를 가함으로써 생기는 변형)을 작게 할 수 있기 때문에 넓은 주파수대역에서 접동잡음을 억제할 수 있다.

③고주파특성이 좋다.

아몰퍼스합금 자성재료는 보통 사용되고 있는 Mo-퍼멀로이합금에 비해 전기저항률이 수배 정도 크기 때문에, 자계에 의한 와전류(eddy current)의 발생을 억제하여 와전류 손실을 작게 하고, 자기헤드의 효율에 크게 영향을 주는 투자율의 고주파특성을 좋게 할 수 있다.

④수명이 길다.

아몰퍼스합금은 일반적으로 경도가 높기 때문에 내마모성이 뛰어나고, 그 결과 자기헤드에 사용될 경우 테이프와의 접촉에 의한 마모를 감소시킬 수 있어 헤드의 수명을 연장시킬 수가 있다.

⑤포화자속밀도가 크다.

아몰퍼스합금 자성재료는 최근에 사용되고 있는 금속테이프 등과 같은 높은 보자력녹음테이프에 녹음하는데는 충분할만큼 포화자속밀도가 크지 않았으나 최근에 Co-Fe계의 우수한 재료가 개발되었다.

⑥가공성이 좋다.

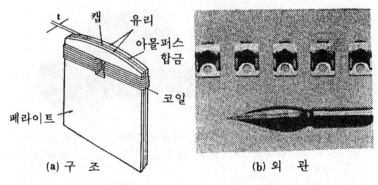

그림 7·9 아몰퍼스합금 자기헤드(비디오용, 산요전기 제 공)

자기헤드는 소형이고 복잡한 형상을 하고 있기 때문에, 이 것을 사용하는 자성재료로서는 가공성이 좋은 것이 바람직하다. 아몰퍼스합금 자성재료는 앞에서 말한 것과 같이 고경도와 인성의 두 성질을 갖고 있으나 급랭법에 의한 아몰퍼스합금은 두께가 약 30~40 $\mu$m로 매우 얇기 때문에 화학적 부식(etching) 등에 의해 쉽게 정밀한 가공을 할 수 있다.

그림7·8에 아몰퍼스합금 자기헤드의 외관사진을 보였다. 여기서는 오디오용 자기헤드를 중심으로 설명하였으나, 비디오용 자기헤드에도 아몰퍼스합금이 사용되고 있다. 그림7·9에 비디오용 아몰퍼스합금 자기헤드의 구조 및 외관사진을 보였다.

이상에서 설명한 것과 같이 여러 가지 특징을 갖고 있는 아몰퍼스합금 자성재료이나 이 재료는 넓은 범위에서 연속적으로 조성을 바꿀 수 있기 때문에 결점을 개량하여 더욱 고성능의 것이 개발되어 갈 것이라고 기대된다.

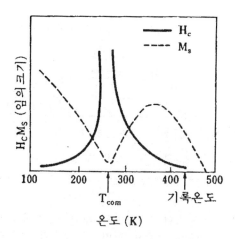

그림 7·10 준강자성 박막의 포화자화 *Ms* 와 보자력 *Hc* 의
온도특성·가열(약 400K) 하면 포화자화(*Ms*) 및 보자
력(*Hc*) 이 작아져 자화를 쉽게 반전시킬 수 있다[시즈
미(七尾進)『 아몰퍼스 재료』에서)

## 고밀도 기록이 가능한 메모리재료

아몰퍼스합금 자성재료를 메모리재료로 사용하는 것은 가까운 장
래에 실현될 것으로 생각된다. 이 메모리재료는 아몰퍼스합금 속의 희
토류-천이금속의 조합에 의한 자성재료가 갖고 있는 준강자성(ferri
magnetism)을 이용한 것으로, 종래의 자기메모리에 비해 고밀도기록
을 실현할 수 있다.

이 메모리재료의 사용방법에는 두 종류가 있는데, 하나는 광자기
디스크메모리(disk memory)이고, 또 하나는 자기 기포메모리(bubble
memory)이다.

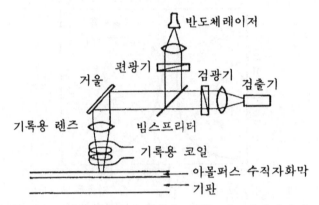

**그림 7·11** 광자기디스크장치의 개략. 반도체레이저와 코
일을 사용하여 기록을 하며, 편광기와 검광기를 조합
하여 반도체레이저광의 편광면의 회전을 검출하여 재
생을 한다.

앞의 광자기 디스크메모리는 희토류-천이금속 아몰퍼스합금의 자
화가 온도에 따라 급격히 변화하는 것을 이용하고 있다. 즉, 희토류-천
이금속 아몰퍼스합금은 준강자성을 갖고 있으며 인접하는 자기모멘트
가 서로 반대방향으로 되어 있다. 이 자기모멘트의 크기는 온도에 따
라 변화하며, 어느 온도에서는 서로 반대방향의 자기모멘트 합의 절대
값이 같아져서 서로 상쇄하여 자발자화가 사라져 버린다. 이 온도를 자
기보상온도라고 부르는데, 이 온도가 실온 부근의 재료에서는 조금만
가열하면 그림7·10에 보인 것과 같이 자화가 작아진다. 그래서 이 부
분에 외부로부터 코일 등으로 어느 크기의 자기장을 수직으로 가하여
주면, 가열부는 자화가 반전하여 외부로부터의 자기장방향으로 방향을
바꾼다. 그 결과 가열한 부분만 자화 방향이 달라져서 기록을 할 수 있
다. 이 부분적인 가열방법으로서 레이저광의 열에너지를 이용하고 있
다. 또한 재생에도 같은 빛을 사용하고, 자성막으로부터의 반사광이 막

의 자화방향에 따라서 편광면의 회전각이 달라지는 것을 이용하고 있다. 이와 같이 빛과 자기에 의해 기록재생을 하기 때문에 광자기 디스크메모리라고 부른다. 그림7·11에 광자기 디스크메모리장치의 개략을 보여두었다.

이 아몰퍼스합금을 사용한 광자기 디스크메모리의 특징으로는 다음과 같은 것이 있다.

①고밀도기록이 가능하다.

광자기 디스크메모리에서는 기록, 재생에 레이저광을 사용하며, 빛을 렌즈 등에 의해 미소한 점(spot)으로 좁힐 수 있기 때문에 단위기록에 필요한 면적을 매우 작게 할 수 있고 기록밀도를 크게 할 수 있다. 이 결과 기록용량당 단가를 내릴 수가 있다.

②대면적화가 쉽다.

아몰퍼스합금이기 때문에 비교적 쉽게 대면적의 막을 얻을 수가 있다.

③출력신호의 SN비

광자기 디스크메모리에서는 정보의 재생에 반사광의 편광면 회전각이 자화의 방향에 따라서 달라지는 자기광효과를 이용하고 있으나, 이때의 편광면의 회전각이 0.5도 이하로 매우 작기 때문에 정밀한 검출을 할 필요가 있다. 현재로는 반사막을 자성막 위에 코팅하여 다중반사를 일으켜 큰 변화를 얻고 있다.

후자인 자기기포메모리는 희토류-천이금속 아몰퍼스합금의 보자력이 작은 수직자화막을 사용하고 있다. 이 자기기포란 자성막에서 볼수 있는 원통모양의 미소자구를 가리키며 주위와 자화방향이 반대로되어 있다. 이 자기기포는 외부로부터 쉽게 이동시킬 수가 있다. 그래서 이 자기기포의 행렬을 적당히 가감함으로써 컴퓨터의 메모리로서 사용할 수 있다. 그림7·12에 자기기포형 메모리의 개략을 보였다.

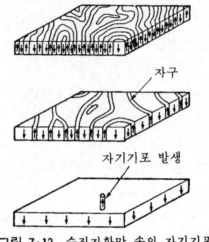

자구

자기기포 발생

**그림 7·12** 수직자화막 속의 자기기포

이 자기기포형 메모리의 특징으로는 고밀도기록을 실현할 수 있다는 점이다. 또 아몰퍼스합금이기 때문에 비교적 쉽게 대면적의 자성막을 얻을 수 있다. 그러나 이 자기기포형 메모리용 아몰퍼스합금 자성재료는 경시 변화나 온도안정성 등 해결해야만 하는 문제점이 남아있다. 앞으로 이들 문제점의 해결에 의해 값싼 자기기포형 메모리가 실현된다면 널리 시장에 확산될 것으로 기대되고 있다.


## 에너지절약(성에너지)을 실현할 수 있는 변압기용 재료

아몰퍼스합금 자성재료의 전력용 변압기로의 응용연구가 각지에서 활발하게 진행되고 있다. 석유파동이래 에너지절약에 관한 연구가 활발하게 이루어져서 전력변압기에서도 전력손실이 적은 자성재료가 요

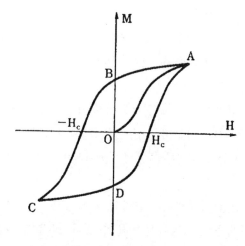

**그림 7·13** 강자성체의 히스테리시스. 외부에서의 자계에 의해 자화는 ABCDA로 변화한다.

망되고 있었다. 아몰퍼스합금 자성재료는 그 연자성(보자력이 작은 성질)과 전기저항이 약간 큰 것으로 하여 에너지절약 재료로서 유망시되고 있다.

어떤 계산에 의하면 미국에서 배전변압기를 모두 종래의 규소강판에서부터 아몰퍼스합금으로 대치한다면 연간 2억 달러의 전력을 절감할 수 있다고 한다. 일본에서도 전력용 변압기를 대치한다면, 연간 60억kWh정도의 전력이 절약될 수 있다는 보고가 있다.

아몰퍼스합금으로 만들어진 변압기는 다음과 같은 특징을 갖고 있다.

①철손이 적다

변압기의 철손(iron loss) 원인의 큰 요소로서는 실과 와전류손실이 있다.

이력손실은 외부로부터 교류자계가 가하여졌을 때 자화가 이력곡선을 그리므로써 생긴다. 그림7·13에 이력곡선을 보였다. 이 곡선으로 둘러싸인 면적이 손실을 나타낸다. 아몰퍼스합금 자성재료의 경우, 보자력을 상당히 작게 할 수 있기 때문에 큰 이력을 나타내지 않아, 그 결과 이 손실을 억제할 수 있다.

한편 와전류손실은 교류자계에 의해 자성체의 표면에 와전류가 발생하므로써 생긴다. 아몰퍼스합금 자성재료의 경우, 자성체의 전기저항률이 크기 때문에 와전류의 발생이 억제되어 손실을 억제할 수 있다.

②투자율이 높다.

아몰퍼스합금 자성재료는 앞에서 말한 것과 같이 결정자기이방성이 없기 때문에 높은 투자율을 얻을 수 있다. 그 결과 변압기용 재료로 볼 경우, 여자 전류를 작게 할 수 있어 효율을 증대시킬 수가 있다.

③포화자속밀도

아몰퍼스합금 자성재료는 보통 변압기용 재료로 사용되고 있는 3% 규소강판보다 약간 포화자속밀도가 떨어진다. 그러나 3%규소강판에서는 고자속밀도에서 사용할 경우, 철손이 너무 크기 때문에 자속밀도를 내려서 사용하여야 되며, 아몰퍼스합금 자성재료의 포화자속밀도가 크지 않다는 것은 그렇게 치명적인 결점은 아니다.

이와 같이 아몰퍼스합금 자성재료는 에너지의 절약을 실현한 변압기로서 실용화되려 하고 있으나, 그러기 위해서는 더욱 아몰퍼스합금의 리본(ribbon) 제조 때에 생기는 문제점을 해결할 필요가 있다. 하나는 리본의 잔류스트레인이며, 또 하나는 리본의 표면상태이다. 전자는 열처리를 나중에 함으로써, 후자는 제조 때의 분위기나 조건을 검토함으로써 개선하려 하고 있다.

또 전력용 변압기는 경시변화를 점검할 필요가 있다. 마지막으로 코스트문제가 있다. 아몰퍼스합금 자성재료는 값비싼 Co, B 등을 첨가하

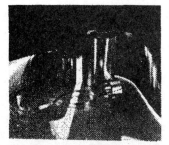

그림 7·14 아몰퍼스합금 박대.
이것은 단롤법으로 제조
된 것 (히타치금속 제공)

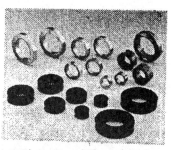

그림 7·15 각종 아몰퍼스
코어 (히타치금속 제공)

그림 7·16 스위칭 레귤레이터. 상부는 스위칭
레귤레이터. 하부는 자기아몰퍼스
합금코어를 나타낸다(도시바 제공).

기 때문에 3%규소강판에 비해 재료비가 많이 든다. 그러나 현재 대량생
산기술의 개량이 진행되고 있어 이 문제도 해결될 것이라고 생각된다.

그림7·14에 변압기용 재료로서 사용되는 단롤법으로 만들어진 아
몰퍼스박대의 외관을 보였다(이 밖에 쌍롤법, 원심급랭법이 있다). 현
재 이 방법에서는 폭 10cm 이상의 박대가 시판되고 있으며 폭이 1m인
것도 보고되고 있다. 또 연속 수톤의 대량생산도 가능하다.

또 그림7·15에 각종 아몰퍼스코어 (core)로서 시판되고 있는 것의
외관사진을 보였다. 그림7·16에는 이 아몰퍼스 자기코어를 사용한 자
기증폭기형 개폐조절기(switching regulator)를 보여 두었다. 아몰퍼스
자기코어를 사용함으로써 높은 주파수가 가능하게 되었기 때문에 주변

부품을 포함하여 소형, 고능률, 낮은 잡음화가 실현되었다.


## 강하고 인성이 있는 고강도 재료

아몰퍼스합금은 그 구조상의 특징으로부터 기계적 성질이 좋고, 고강도 재료로서 기대되고 있다. 일반적으로 결정금속의 강도는 전위에 의해 지배되고 있으나, 아몰퍼스합금의 경우 전위밀도가 상당히 높아, 그 때문에 전위가 이동하기 어렵다고 생각된다. 따라서 아몰퍼스합금은 고경도, 고강도, 인성 등의 특징을 갖추고 있다.

또 아몰퍼스합금은 내식성도 풍부하다. 일반적으로 부식은 물질의 불균일한 구조부분으로부터 진행한다고 생각되나, 이미 아몰퍼스합금의 특징에서 설명한 것과 같이 아몰퍼스합금은 결정합금이 갖고 있는 입계, 전위, 결함과 같은 불균일구조를 갖지 않으며, 전체적으로 균일하다고 생각되기 때문에 국부부식이 진행될 가능성이 적고 전면부식이 일어난다. 이때 표면에 안정한 산화피막이 형성되어 부식은 그 이상 진행하지 않고 높은 내식성이 얻어진다.

그러나 아몰퍼스합금은 열역학적으로는 준안정상태라고 생각되기 때문에, 열적 불안정성의 문제가 있다. 가열 되면 아몰퍼스로부터 결정으로 변화하여 아몰퍼스 특유의 성질이 손실될 염려가 있다. 이 때문에 용접 등에 의한 가공이 곤란하다는 문제가 있다. 또 기계적 강도 때문에 반대로 가공성이 어느 면에서는 나쁘다는 문제가 있다.

앞으로 이 면에서의 응용으로는, 아몰퍼스합금이 갖고 있는 고강도 특성과 내식성을 살려서 온도가 별로 높지 않은 곳에서의 사용을 생각할 수 있다.

## 꿈의 초전도재료

아몰퍼스합금 중에서 초전도를 나타내는 것이 다수 발견되고 있다. 초전도란 온도를 절대영도 가까이까지 내리면 전기저항이 감소하여 제로가 되는 현상으로, 대전류를 흘려도 전력의 손실을 일으키지 않고 송전할 수가 있다. 이 초전도재료로 만들 수 있는 것의 하나에 초전도 자석이 있다. 이것은 초전도선의 전기저항이 제로라는 것을 이용하여 대형의 자석을 낮은 전력으로 운전하는 것이다. 이 초전도자석이 실현되면 장래의 고속철도로 기대되고 있는 리니어모터카(linear motorcar)가 현실화될 것이다. 이 리니어모터카는 전동차 위에 초전도자석을 이용하고, 지상에 전기자코일을 설치하고 있으며, 현재 일본 국철에서 초고속도시험이 진행되고 있다. 이 밖에도 대형-고자기장의 핵융합로용 초전도코일로의 응용이 생각되고 있다.

최근에 스퍼터링이나 융액으로부터의 초급랭법 등에 의해 실온에서 안정한 아몰퍼스합금 초전도체가 제작되게 되어 실용 가능성에 대해 검토를 시작하고 있다. 예를 들면 Mo-Re의 아몰퍼스합금은, 어느 온도 이상에서는 초전도성을 잃어 버리는 초전도임계온도 $T_c$가 절대온도에서 9.5 °K로 높고, 또 조성을 검토함으로써 $T_c$를 개선할 수 있는 가능성이 있어 고자계 초전도선재(선재: 단면이 원형인 강재. 굵기는 5mm 정도이며, 강삭·철망·철사 따위를 만드는 데 쓰인다)로서 매우 유망하다고 할 수 있다. 또 아몰퍼스상 그 자체의 초전도성을 이용하는 것이 아니라 결정상태에서 우수한 초전도특성을 갖는 재료를 비롯하여 아몰퍼스화하여, 아몰퍼스 특유의 우수한 기계적 특성을 이용하여 가공한 후 결정화하여 초전도재료를 얻는 시도도 이루어지고 있다.

아몰퍼스합금 초전도재료에는 입자선 등 방사선의 조사에 대해 내성이 크다는 특징이 있다. 따라서 아몰퍼스합금 특유의 고강도특성과 더불어 핵융합로용 재료로서의 응용이 생각되고 있다.

### 그 밖의 응용

지금까지 설명한 것 이외의 아몰퍼스합금의 응용에는 ①자기변형계수와 투자율이 큰 고자기변형재료, ②열팽창률, 탄성계수의 온도계수가 제로인 인바(Invar), 엘린바(Elinvar) 재료, ③무공해(clean) 에너지인 수소를 흡장(기체가 고체에 흡수되어 고체 안으로 들어가는 현상)하는 수소흡장합금, ④균일한 특성을 살린 전극재료, ⑤융점이 낮은 것을 살린 접합용 재료 등이 있으며 앞으로의 연구의 진전이 기대되고 있다.

# 제 8 장
# 아몰퍼스물질의 미래

제1장에서부터 아몰퍼스시대의 도래, 아몰퍼스란 무엇인가?, 아몰퍼스의 독특한 성질, 제조법 그리고 아몰퍼스반도체 및 금속과 그 응용제품에 대해 설명하여 왔다. 여기서는 정리를 하는 뜻에서 아몰퍼스의 미래에 대해 필자의 독단을 섞어서 말하여 보겠다.

아몰퍼스물질은 제3장 「아몰퍼스의 독특한 성질」에서 말했듯이 그 장거리질서가 필요없기 때문에, 매우 넓은 범위에 걸쳐 원소의 조합이 가능하다. 근대 전자공학시대, 1950~1980년까지는 이른바 결정, 특히 반도체분야에서는 단결정Si을 중심으로 한 결정의 시대였다. 이들은 이미 학문적으로나 공업적으로도 상당한 성숙도로서 연구개발된 감이 있다. 이 단결정Si은 최근의 초LSI, 극초(ultra)LSI와 같이, 집적도(디바이스밀도)를 높인다는 관점에서 앞으로도 발전하여 갈 것이다. 그러나 진정한 의미의 혁신적 장치의 등장이라는 관점에서는 매력이 부족하다. 즉 결정에서 요구하는 장거리질서가 필요하다는 장애가 물질이 갖는 물성을 규정하여 버렸기 때문이다. 한편 아몰퍼스물질은 이 규정을 크게 뛰어넘을 수가 있다. 원소의 조합이 보다 자유로울 수 있다. 필자의 물질분류에 대한 생각을 그림8·1에 보였다. 즉, 지금까지 우리가 사귀고 있던 "결정"이라는 영역은, 사실은 매우 특이한 어떤 한정된 영역이며, 원소의 조합이나 물성의 넓이로부터 생각하면 훨씬 더 아몰퍼스물질쪽이 광범한 조합이 가능하다고 생각된다. 즉 물질계의 다양성으로부터 생각하면 결정계는 그것의 극히 일부에 지나지 않는다 생각할 수 있다. 우리는 우연히도 성질을 이해하기 쉽고 단순한 구조를 가진 결정물질을, 역학에다 비유하여 말한다면, 마치 고전역학을 인류가 최초에 손에 넣었듯이, 맨처음에 우리 주변의 것으로서 손에 넣었기 때문에, 역학에서 다음에 양자역학이 출현한 것과 같이, 새로운 물질구조 "아몰퍼스"가 친근한 물질로 되려 하고 있다고 생각할 수 있다.

**그림 8·1** 고체물질의 영역

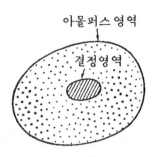

이렇게 생각하면 본래 무질서계 물질이 고체에서도 일반적이며, 결정물질은 우연하게도 그 중에서 특이한 상태의 것이라고 생각할 수도 있다. 현재의 재료기술에 양자역학이 필요 불가결한 것과 같이 가까운 장래의 재료기술은 「아몰퍼스」에 대한 지식과 그 응용없이는 생각할 수 없게 될지도 모른다.

앞으로 있을 아몰퍼스물질의 전개를 생각할 때 다음과 같은 방향이 생각된다.

(1) 새로운 원소의 조합에 의한 신소재

단거리질서만이 필요하고 장거리질서가 불필요하다는 데서 더욱 많은 원소의 조합에 의한 신소재가 가능하다. 독자가 아몰퍼스물질을 연구하고 싶다고 생각한다면 신소재는 산더미처럼 많다는 것은 틀림없다. 또 이 신소재로부터 잇따라 새로운 물성을 가진 재료가 탄생할 것이다.

예를 들면 최근에 NTT(일본 전신전화 주식회사)의 무사시노 통신 연구소가 개발한 아몰퍼스Si-Ge-B라는 소재가 있다. 이 재료는 집적회로의 배선재료로 사용될 정도로 전기저항이 낮다. 아몰퍼스물질의 특징의 하나가 전자준위의 국재화에 있다는 것은, 이 책의 서두에서 말하였으나, 이 재료는 마치 전자준위가 국재화하고 있지 않은 것과 같

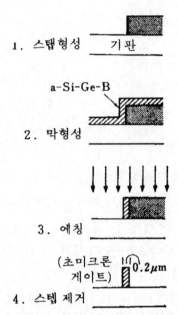

1. 스탭형성    기판

a-Si-Ge-B

2. 막형성

3. 에칭

(초미크론    0.2μm
게이트)

4. 스텝 제거

**그림 8·2  초미크론 a-Si-Ge-B 게이트 전극 제조 공정**

은 성질을 나타낸다. 또 화학적, 기계적으로 안정하며 5eV 이상의 높은 일함수를 갖고 있다고 한다. 매우 독특한 아몰퍼스재료이다. 장치로서의 응용으로는 단순한 배선재료뿐만 아니라 VLSI에 필요한 초미크론 (submicron)게이트전극으로의 응용도 연구되고 있다. 그림8·2에 a-Si-Ge-B를 사용한 초미크론 게이트전극의 제소공정을 보였다. 이 공정에서는 초미크론 단위의 광마스크가 불필요하고, 또 게이트폭은 a-Si-Ge-B의 막두께에 따라서 결정되기 때문에, 게이트폭을 정밀하고 쉽게 제어할 수 있다는 특징이 있다. 이미 0.2μm라는 가느다란 선폭의 a-Si-Ge-B가 제조되고 있어 앞으로의 전개가 크게 기대된다.

아몰퍼스재료의 장래로서 주목되는 방향으로는 촉매재료로서의 전

---

**표 8·1 가까운 장래의 아몰퍼스반도체장치**

1. 신재료를 사용한 아주 새로운 장치
2. 대면적장치
3. 다층화장치
   - 10층 이하의 적층장치
     - 세로형 a-SiFET • 다층 띠간격 태양전지
     - 3차원 집적회로 • 센싱 a-SiCCD • SIT
   - 10층 이상의 적층장치
     - 초격자 이용장치
4. 복합화장치
   - 결정재료와의 복합화
     - a-Si/c-Si 태양전지 • 헤테로 바이폴러 트랜지스터
   - 기능의 복합화
     - 아몰턴·히트파이프·콜렉터 • 아몰턴 기와
     - 지능센서
5. 기 타
   - 초전도 • 배선·배리어메콜 • 촉매 • 고체전해질

---

개도 중요할 것이다. 이것은 아몰퍼스물질이 열역학적으로 준안정이라고 하는 점과 격자가 불규칙적이며 또 각종 원소를 조합할 수 있다는 점에서 크게 기대할 수 있는 분야이다.

또 하나의 예로서 이미 제6장에서 설명한 초격자는 새로운 방향이다. 현재로는 초격자 "구조"가 실현되었다는 정도의 상태이나, 아몰퍼스물질로 초격자소자가 만들어진다면 장거리질서가 필요없다는 조합의 자유도에 덧붙여 또 하나 띠간격이 다른 물질의 조합에 의한 새로운 물성을 가진 물질이 생길 수 있다는 커다란 조합의 자유도를 얻을 수가 있고, 이것에 의해 더욱 대폭적으로 얻어지는 물질의 물성범위를 확대하게 된다. 이 초격자를 사용한 태양 전지나 박막트랜지스터가 제안되고 있으며 앞으로의 발전이 기대되고 있다.

250

**그림 8·3** 40 cm × 120 cm 대면적 a- Si 태양전지

(2) 새로운 장치의 방향

아몰퍼스반도체 분야에서는 이미 제6장에서 새로운 방향을 설명하였으나, 앞으로의 방향을 정리하여 보면 표8 · 1에 보인 것과 같다.

①신재료를 사용한 전혀 새로운 장치

②대면적 장치

③다층화 장치

④복합장치

를 들 수 있다.

①은 필자도 예측하기가 어려우나, 아몰퍼스Si이 개발되었듯이 앞으로 상상을 초월하는 우수한 아몰퍼스 반도체재료가 출현하여 새로운 장치가 탄생될지도 모른다.

②는 아몰퍼스의 특징인 입계가 없다. 제조법을 연구함으로써 대면적화를 할 수 있다는 점에서, 이미 아몰퍼스 태양전지에서 그 방향이 나와있다. 그림8 · 3에 보인 것과 같이 40cm×120cm의 한 장의 유리

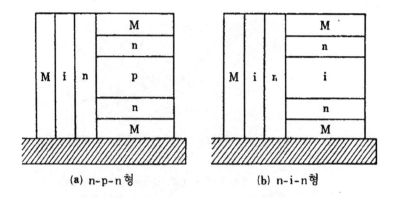

**(a) n-p-n형**　　　　　　**(b) n-i-n형**

그림 8 · 4 세로형 a-SiFET에 의한 고속 스위치소자 그림에서 M은 금속전극, p-i-n은 아몰퍼스반도체이다. 각 그림의 우상과 우하의 M이 소스 · 드레인이며 좌의 M이 게이트이다. 소스 · 드레인 간격 을 1 $\mu$m이하로 할 수 있기 때문에 캐리어의 주행 거리 · 시간이 짧고 고속동작이 가능하다.

**그림 8·5** a-Si/단결정 Si 헤테로 바이폴러 트랜지스터

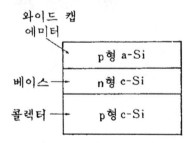

기판 위에 단 번에 a-Si을 형성하여 대형 아몰퍼스태양전지를 형성하 고 있으며, 더 큰 창유리와 같은 태양전지나 대형 액정TV가 세상에 나

**그림 8·6** a-Si 태양전지와 태양집열기를 조합한 복합소자

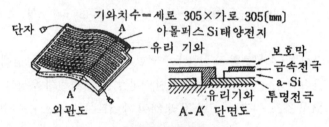

기와치수=세로 305×가로 305[mm]

단자    A    아몰퍼스 Si 태양전지

유리 기와

보호막

금속전극

a-Si

A    유리기와   투명전극

외관도      A-A′ 단면도

(a) 구조설명도

(b) 외관사진

**그림 8·7** 아몰퍼스 태양전지기와. 유리 기와의 뒷면에 11단의 a-Si 태양전지가 형성되어 있으며 일반 기와와 대치 가능하다(출력 약 2W).

타날 것이다.

③의 다층화의 방향으로는 이미 말했듯이 아몰퍼스물질은 구조상의 자유도가 크기 때문에 적층한 경우 격자부정합의 영향이 적기 때문에 다층화가 가능하다. 이것에는 몇 가지 방향이 있다. 표8·1에 보인

## 표 8·2 아몰퍼스 반도체장치

| | 기초현상 | 가해지는 외부에너지 | 변화하는 성질 | 사용재료 | 응용 예 | 상품화 |
|---|---|---|---|---|---|---|
| 테트라헤드랄계 | 광기전력 | 빛 | 다이오드특성·광전도율 | Si, SiGe, SiC | 민생용 태양전지 | ○ |
| | | 빛 | 다이오드특성·광전도율 | Si, SiGe, SiC | 전력용 태양전지 | △ |
| | | 빛 | 다이오드특성·광전도율 | Si, SiGe, SiC | 광센서 | ○ |
| | | 빛(광학상) | 다이오드특성·광전도율 | Si, SiGe, SiC | 밀착형 이미지 센서 | - |
| | 광도전 | 빛(광학상) | 광전도율(표면전하) | Si, SiC, SiN | 전자사진, LED프린터 | ○ |
| | | 빛 | 광전도율 | Si, SiC, SiN | 촬상관 | |
| | | 빛 | 광전도율 | Si | 밀착형 이미지 센서 | ○ |
| | 전계효과 | 전압 | 도전율(전하축적) | Si | 박막트랜지스터 | - |
| | | 전압 | 도전율(전하축적) | Si | 3차원 IC | - |
| | | 전압 | 막속의 단위 | Si | STT | - |
| | | 전압 | 전하축적 | Si | CCD | - |
| | | 전압 | 전하축적 | Si | 발광다이오드 | - |
| | 양자효과 | 빛 | 다이오드특성·광전도율 | Si, SiN, SiC, SiGe | 초격자 태양전지 | - |
| | | 빛 | 도전율(전하축적) | Si, SiN, SiC, SiGe | 초격자 박막 | - |
| | | 전압(전류) | 소수캐리어밀도 | Si, SiN, SiC, SiGe | 초격자발광다이오드 | - |
| | | 전압(전류) | 소수캐리어밀도 | Si, SiN, SiC, SiGe | 초격자반도체레이저 | - |
| | 초전도 | 저온화 | 도전율 | SiAu | 초전도소자 | - |
| | 열전효과 | 열 | 캐리어밀도 | Si | 화씨센서 | - |
| | 스트레인효과 | 응력 | 도전율 | Si | 스트레인 센서 | - |
| | 홀효과 | 자장 | 캐리어밀도 | Si | 홀 소자 | - |
| | 자기저항효과 | 자장 | 도전율 | Si | 자계센서 | - |
| | 고전도율 | 자장 | 도전율 | SiGeB | 배선, 메탈리제탈 | - |
| | 아몰퍼스 | 전압 | 도전율(전하축적) | Si | 박막트랜지스터 | - |
| | 결정전이 | 광펄스(레이저광주사) | 투과율, 반사율 | Si | 대용량 광메모리 | - |
| 칼코겐화물계 | 캐리어의충돌 전리·이중주입 | 전계 | 도전율 | Te-As-Si-Ge | 드레시홀드스위치 | - |
| | | 전류펄스 | 도전율 | Te-Ge-Sb-S | 리드 MOST메모리 | ○ |
| | | 광펄스 | 반사율, 투과율 | Ge-Te or Se-Te | 대용량메모리·홀로그래피 | - |
| | 결정-아모르퍼스전이 | 전자빔 | 2차전자 | Ge-Te-As | 전자빔 메모리 | - |
| | | 광펄스(광학상) | 반사율 | Te소 | 비은염사진 | - |
| | | 광펄스(레이저광) | 도전율 | Se-Te | 프린터 | - |
| | | 광펄스와전류펄스 | 도전율, 반사율, 투과율 | (As-Te-Ge)-CdS | 대용량 광메모리 | - |
| | 열연화 | 레이저광 | 고체에서 기체(구멍) | As-Te-Se | 대용량화상 파일 | △ |
| | | 레이저광 | 형상(보이드) | Se | 대용량 가역 메모리 | - |
| | 광구조변화 | 광펄스 | 투과율 | As-Se-S-Ge | 가역 광메모리 | △ |
| | | 광펄스 | 투과율 | Se-Ge | 마이크로피셔 | △ |
| | | 광펄스(광학상) | 화학네식성 | As-S-Te, Ag | 핫 레지스트 | |
| | 광도핑 | 금속박막과 광도핑 | 투과율, 화학네식성 | $Se_xAs_ySe_z$ | 화상기록·핫 레지스트 | △ |
| | 광도전 | 광펄스(광학상) | 광도전도 | Se-As-Te | 전자사진 | ○ |
| | | 광펄스(광학상) | 광전도도와다이오드특성 | | 촬상관, 수광소자 | ○△ |
| | 광스토리지 | 광펄스(레이저광) | 흡수 계수 | As-S | 광스위치 | - |
| | 화학수식 | 불순물 | 도전율 | (Ge-Te-Se-As):Ni | | - |

(○ 상품화 되어 있다. △ 일부상품화 또는 상품화가 가까운 장래 가능 - 아직 상품화 되지 않음)

표 8·3  아몰퍼스 합금의  주특성과 응용례

| 특 성 | 실용화 되고 있는 제품 | 장래 실용화가 예측되는 제품 |
|---|---|---|
| 연 자 성 | 자기헤드, 카트리지, 마이크로 폰 자심, 제어용 코일자심, 자 기실드 재료, 자기필터 | 주상 트랜스 철심 쵸크 코일 |
| 자 기 왜 곡 | 지연선, 센서소자 | 진동자 |
| 강 인 성 | 용수철, 칼, 스트레인센서 | 와이어, 타이어코드 |
| 내 식 성 | 기름정화필터 | 화학장치용 부품, 전극재료, 의료기기 |
| Invar Erinvar | 스프링 센서소자 | 정밀기기용 용수철 |
| 초 전 도 성 | 헬륨 액면계 | 온도검출기, 자장센서 |
| 기 타 | 누전경보기, 접합용 재료 | 촉매, 가스 센서 |

(마스모토(增本健)「고체물리」Vol20 , No 8 , 1985에서)

것과 같이 10층 이하의 적층장치에서는 그림8·4에 보인 것과 같이 도쿄공업대학의  마쓰무라교수들에 의해 세로형 a-SiFET에 의한 고속 스위치소자가 제안되고 있다.

또 제6장에서 설명한 15~20%의 변환효율이 가능한 다층 띠간격 (multi band gap) 태양전지도 제안되고 있다. 제6장에서 말한 3차원 집적회로, SIT등의 새로운 장치도 실현될 것이다. 10층 이상의 적층장치로서는 초격자 이용의 장치를 들 수 있다.

④복합화의 방향

아몰퍼스재료의 특징으로써 임의의 기판 위에 형성시킬 수 있다는 점이 있다. 종래의 결정재료의 복합화로서 a-SiC와 단결정Si(c-Si)의 헤테로(이종)접합 태양전지라든가 도쿄공대의 후루카와들에 의한 그림8·5에 보인 헤테로 바이폴러 트랜지스터(hetero bipolar transistor) 등이 제안되고 있다.

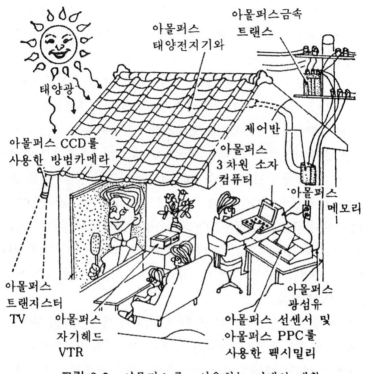

**그림 8·8 아몰퍼스를 사용하는 미래의 생활**

a-Si막에 광전변환과 선택흡수막의 두 가지 역할을 담당시켜 전기와 열을 동시에 끌어낼 수 있는 그림8·6에 보인 것과 같은 혼성 태양에너지 변환기가 시험 제작되고 있다.

태양전지의 새로운 혼성방향으로서 건축재료와 일체화시킨 태양전지 기와(아몰톤기와)가 필자들에 의해 개발되었다(그림8·7).

이것은 투명한 유리기와의 뒷면에 직접 플라즈마 반응법으로 아몰퍼스Si 태양전지를 형성한 것이다. 현재로는 한 장의 아몰톤기와로부터 2W의 출력이 얻어지고 있으나, 장래에는 더욱 고효율, 저렴화가 진행되는 가운데 실용화되어갈 것으로 전망된다. 표8·2에 지금까지 실용화된 아몰퍼스 반도체장치와 앞으로 실용화될 것으로 전망되는 장치를 보였다.

아몰퍼스금속의 분야에서도 앞으로 계속하여 그 특징을 살린 응용제품이 나올 것이다. 표8·3에 도호쿠대학의 마스모토교수가 정리한 아몰퍼스 금속재료의 주특징과 응용례를 인용하여 둔다.

그 밖에 아몰퍼스 절연체분야에서도 새로운 응용장치가 탄생되어갈 것이다. 그리고 제2장에서 우리 주위는 단결정 투성이라고 말하였으나, 20~30년이 지나면 우리 주위는 그림8·8에 보인 것과 같이 아몰퍼스 태양전지기와, 아몰퍼스FET를 응용한 대면적 액정TV, 아몰퍼스 3차원소자를 사용한 초소형 컴퓨터나 아몰퍼스 금속 주상(기둥이나 전봇대의 위)변압기로부터 전력이 공급되는 등 온통 "아몰퍼스 투성이"로 될지도 모른다.

이와 같은 꿈을 실현하기 위해서도 독자가 새로운 재료 분야인 "아몰퍼스" 분야에 앞으로도 흥미를 가지고, 가능하면 아몰퍼스분야의 연구개발, 기업활동에 참가해 줄 것을 희망하면서 끝을 맺기로 한다.

# 맺 는 말

독창적인 상품에 대한 도전이라는 테마로 필자가 「아몰퍼스Si 태양전지의 개발」(신경영연구회 편)에 관해 집필한 글을 도쿄대학의 야나기타교수에게 보낸 것이 계기가 되어 야나기타교수로부터 고단사에 소개가 있어서 이 책을 집필하게 되었다. 아몰퍼스물질의 연구는 최근에 와서 주목을 받게 된 것으로 많은 사람이 흥미를 갖고 있지만 일반인이 읽을 수 있는 책이 없었다.

그래서 알기 쉽게 하기 위해 상당히 독자적으로 간략화하여 표현을 하였다. 이 분야는 학문적으로나 공업적으로도 자꾸 진전을 하고 있기 때문에 시대와 더불어 더욱 발전되어 나갈 것이다. 이 책이 특히 이 분야로 들어가려는 사람이나 학생들에게 아몰퍼스에 대한 이해를 깊게 하는 데 도움이 되었으면 하는 것이 필자의 바람이다.

이 책을 집필함에 있어서 조언과 데이터의 제공 등 도움을 주신 오사카대학의 하마카와교수, 히로시마대학의 히로세교수, 게이오대학의 요네자와교수, 전총연 아몰퍼스재료연구실의 다나카실장, 히타치제작소의 마루야마기초연구소 소장, 산요전기(주) 응용기술연구소의 나가타 소장, 야자키부장, 산요전기(주) 중앙연구소 나카노실장, 야스다실장, 요코오, 후카즈, 쓰다 주임연구원, 다케우치, 나카무라, 나카야마, 다루이, 히시카와, 고도, 와키사카, 요시다, 노구치연구원 등에게 이 자리를 빌어 깊이 감사의 뜻을 표한다.

# 찾아보기

아 몰 퍼 스

불가사의한 비정질물질

지은이 구와노 유키노리

옮긴이 김병호

인쇄 2015년 07월 25일
초판 2015년 07월 31일

펴낸이  손영일
편  집  손동석
펴낸곳  전파과학사
서울시 서대문구 연희2동 92-18
1956. 7. 23. 등록 제10-89호
TEL. 333-8877(8855)
        070-4337-4944(4945)
FAX. 334-8092
홈페이지 www.s-wave.co.kr
E메일 chonpa2@hanmail.net

판권본사 소유

·파본은 구입처에서 교환해 드립니다.
·정가는 커버에 표시되어 있습니다.

ISBN 978-89-7044-576-2   03420

530.4-KDC6
620.11-DDC23          CIP2015019726